DR. MADLEN ZIEGE

KEIN
SCHWEIGEN
IM WALDE

DR. MADLEN ZIEGE

KEIN SCHWEIGEN IM WALDE

Wie Tiere und Pflanzen
miteinander kommunizieren

Mit 33 Schwarz-Weiß-Abbildungen
der Autorin

NATIONAL GEOGRAPHIC   MALIK

Mehr über unsere Autoren und Bücher:
www.malik.de

Erstmals im Taschenbuch
ISBN 978-3-492-40648-2
April 2021
© Piper Verlag GmbH, München 2020
Umschlaggestaltung: Petra Dorkenwald nach einem Entwurf von Birgit Kohlhaas
Autorenfoto: Kathleen Friedrich
Umschlagfoto: Jeff R Clow / Getty Images
Satz: Kösel Medie GmbH, Krugzell
Gesetzt aus der Adobe Garamond Pro
Litho: Lorenz & Zeller, Inning am Ammersee
Druck und Bindung: CPI books GmbH, Leck
Printed in the EU

Inhalt

Das Rezept für » Leben «

Struktur ist fürs Leben ein echter Gewinn.
Zwei Hände, zwei Augen? Das alles macht Sinn!
Leben braucht Ordnung und schafft sie zugleich.
Das Geheimnis des Lebens: Mit System wirst du reich.

Sonne, Wasser und Nährstoff dazu,
es wechseln sich Stoffe vom Wurm bis zur Kuh.
Entstehen und Vergehen, das Leben muss mit.
Ohne Energie geht kein einziger Schritt.

Leben pflanzt sich munter fort,
besiedelt auch den fernsten Ort.
Teilung ist ein Kinderspiel,
aus eins mach zwei, aus zwei mach viel.

Geheimes bleibt nicht lang verborgen.
Leben kennt heut schon die Infos von morgen.
Sinne scharf wie ein Samurai-Schwert,
Leben reagiert auf den brandheißen Herd.

Hölzerne Türme, tausend Jahre alt,
Leben wächst und macht keinen halt.
Schneckentempo oder Katzensprung,
Bewegung hält das Leben jung.

Panta rhei[*], wie die Griechen sagen,
das Leben stellt stets neue Fragen.
Alles fließt und ist verbunden,
Leben will sich selbst erkunden.

Madlen Ziege, Dezember 2018

---

[*] Aus dem Griechischen übersetzt bedeutet panta rhei, dass alles fließt und sich in einem ständigen Wandel aus Werden und Vergehen befindet.

Einleitung

Jedes Lebewesen kommuniziert

Mit wem haben Sie heute schon kommuniziert? Mit Ihrem Partner, dem Haustier oder Ihrer Zimmerpflanze? Der Psychotherapeut und Kommunikationswissenschaftler Paul Watzlawick brachte es auf den Punkt, als er sagte: »Man kann nicht nicht kommunizieren, denn jede Kommunikation (nicht nur mit Worten) ist Verhalten, und genauso wie man sich nicht nicht verhalten kann, kann man nicht nicht kommunizieren.« Es ist also kein Wunder, dass wir ständig mit anderen Menschen Informationen austauschen – innerhalb unserer Familie, mit Freunden oder Arbeitskollegen. Wie aber sieht es eigentlich mit all den anderen Lebewesen auf unserer Erde aus? Gilt Paul Watzlawicks »man« auch für Bakterien, Pflanzen und Tiere, und können diese ebenfalls »nicht nicht kommunizieren«? Das Wort »Biokommunikation« fasst zusammen, worum es in diesem Buch geht: Alles, was lebt, sendet und empfängt aktiv Informationen und ist somit in der Lage zur Kommunikation! So bedeutet *Bio* vom griechischen Wortstamm βίος/*bíos* ganz einfach »Leben«. Kommunikation, vom lateinischen Wort *commūnicātiō*, heißt so viel wie Mitteilung. Bio passt zur Kommunikation wie der Arsch auf den Eimer, denn es braucht Lebewesen wie Pflanzen oder Tiere, um Mitteilungen aus der Umgebung zu empfangen und darauf zu reagieren. So haben sich auch die Lebewesen in einem Wald vom kleinsten Pilz bis hin zum größten Baum so einiges mitzuteilen. Wer also meint, dass Schweigen im Walde herrscht, hat nur noch nicht richtig hingehört!

Warum braucht es dieses Buch?

Natur ist der Hammer

Meine Begeisterung für die Biokommunikation fand ihren Ursprung in den Wäldern, Wiesen und Gewässern meines Heimatdorfes in Brandenburg. Hier zirpte, muhte und schnatterte es nur so um mich herum, und ich übte mich früh darin, mit meinen Mit-Lebewesen in Kontakt zu treten. Die vielen Märchen, Mythen und Sagen in meinen Lieblingsbüchern gaben mir recht: Hier konnten Menschen mit Tieren und Pflanzen sprechen, hier verhalf die Weisheit der Natur den Helden aus jeder noch so hoffnungslosen Situation. Heute weiß ich, dass es in alten Kulturen wie beispielsweise der keltischen völlig selbstverständlich war, mit der Natur zu kommunizieren. Einige Bewohner Islands und Irlands fragen noch heute »Mutter Natur« um Erlaubnis, wenn neue Bauprojekte anstehen. Das Urvolk Ainu auf der nördlichsten japanischen Insel Hokkaido tritt ebenfalls regelmäßig in Kontakt mit Tieren und Pflanzen, um die eigene Verbindung zur Natur zu stärken. Warum sollten Menschen das Gespräch mit anderen Lebewesen suchen, wenn sie keine Antwort erwarten würden?

Was haben sich Fische zu sagen?

Ich studierte Biologie an der Universität Potsdam und wusste schnell, wohin die Reise gehen sollte: Ich wollte Verhaltensbiologin werden! Ich wollte alles darüber erfahren, warum sich Tiere verhalten, wie sie sich verhalten, und vor allem, wie und warum sie miteinander kommunizieren. Besonders interessierten mich Katzen, und so war es mein Ziel, das Kommunikationsverhalten dieser geheimnisvollen Tiere zu erforschen. Wie so oft im Leben kommen die Dinge anders als gedacht, und ich landete während meiner Diplomarbeit in Mexiko – ganz ohne Katzen. Meine ersten Forschungsobjekte waren völlig unerwartet Fische. Auf den ersten Blick war ich über diese Entwicklung in meiner Verhaltensforscherkarriere nicht besonders begeistert, denn diese Tiere gehörten aus meiner Sicht nicht gerade zu den spannendsten Forschungsobjekten in Sachen Kommunikation. »Meine« Fische waren jedoch anders!

Der Atlantikkärpfling *Poecilia mexicana* und der Grijalva-Moskito-fisch *Heterophallus milleri* gehören zur Fischfamilie der Lebend-gebärenden, deren Vertreter ein ausschweifendes Sexleben führen. Die meisten Fische haben nicht wirklich viel mit dem anderen Ge-schlecht zu tun, denn sie praktizieren eine äußere Befruchtung: Das Weibchen legt die Eier ab, das Männchen schwimmt darüber, gibt seinen Samen ab, fertig! Lebend gebärende Fische wie der Atlantik-kärpfling oder der Grijalva-Moskitofisch hingegen haben eine innere Befruchtung. Hier muss die Samenzelle des Männchens irgendwie in den Körper des Weibchens gelangen, um dort mit der Eizelle zu verschmelzen. Klar ist bei dieser Form der Befruchtung weitaus mehr Kommunikation zwischen den Geschlechtern gefragt! Ist der »Dialog« zwischen Männchen und Weibchen nicht ohnehin schon Herausforderung genug, sind im Schwarm lebende Fische automa-tisch Teil eines großen Kommunikationsnetzwerks. So sind ein Männchen und ein Weibchen selten ganz allein unter sich und können ungestört miteinander kommunizieren. Auf die gesendeten Informationen zwischen den zwei Liebenden können auch andere Fische im Schwarm zugreifen, und es gibt immer den ein oder anderen Gaffer beziehungsweise Zuhörer. Für genau solche Drei-ecksbeziehungen in der Kommunikation interessierte ich mich in meiner Diplomarbeit. Ich führte Verhaltensversuche durch, um zum Beispiel herauszufinden, ob sich Männchen in Anwesenheit eines weiteren Männchens anders verhalten als ohne einen Zu-schauer. Interessieren sie sich noch für die gleichen Weibchen, oder ändern sie ihre Strategie in Sachen Flirten? Die Antwort auf diese Frage werden Sie in diesem Buch erfahren!

Stadt- und Landkaninchen haben andere Gesprächsthemen

Meine Faszination für den Austausch von Informationen in der Natur hielt nach der Diplomarbeit weiter an, und noch immer war es mein Traum, das Kommunikationsverhalten von Katzen zu er-forschen. Im Mai 2010 kam ich an die Goethe-Universität in Frank-

Der Atlantikkärpfling *Poecilia mexicana* gehört zu den lebend-
gebärenden Fischen. Die Männchen *(oben)* wählen zwischen
den Weibchen *(unten)* aus und befruchten diese innerlich.

furt am Main, um mit meinem späteren Doktorvater über ein For-
schungsprojekt zur Kommunikation bei Katzen zu sprechen. Wieder
kam alles anders als geplant. Am selben Abend war ich des Nachts
mit dem Fahrrad ohne Licht auf den Straßen Frankfurts unterwegs,
als es passierte: Ein noch unerfahrenes junges Wildkaninchen hop-
pelte plötzlich auf den Fahrradweg. Ich konnte den Frontalzusam-
menstoß in letzter Sekunde nur abwenden, indem ich in die seitliche Heckenbegrenzung hineinfuhr. Das Kaninchen und ich kamen
beide mit ein paar blauen Flecken und dem Schrecken davon, allerdings wunderte ich mich schon, warum sich dieses Wildtier in einer
Großstadt wie Frankfurt herumtrieb. Am nächsten Tag sprach mich
mein Doktorvater auf die blauen Flecken an, und ich erzählte ihm
von dem ungewöhnlichen Zusammenstoß mitten in der Finanzmetropole. »An Wildkaninchen wollte ich schon immer forschen«,
war seine Antwort. Er schlug mir vor, meine Doktorarbeit dem
Kommunikationsverhalten der kleinen Langohren zu widmen.
Hartnäckig versuchte ich, ihn weiterhin davon zu überzeugen, dass
Katzen viel spannender sind und sie doch der eigentliche Grund
waren, warum ich überhaupt Verhaltensbiologin werden wollte. Er
ließ nicht locker, und so gab ich den Frankfurter Wildkaninchen

eine Chance. Ich studierte die Literatur zu diesem Thema und setzte mich in den Park, um die Tiere genauer zu beobachten. Zu meiner Überraschung besitzen Wildkaninchen eine ganz besondere Art der Kommunikation – sie nutzen gemeinsame Kot- und Urinstellen. Diese Kaninchentoiletten tragen den Namen »Latrinen« und sind *das* Kommunikationsmittel für viele Säugetiere, die in Gruppen leben. Für mich noch weitaus interessanter war die Tatsache, dass sich die Wildkaninchen mitten in Frankfurt sehr wohlzufühlen scheinen. Zur Freude der Touristen saßen die Tiere vor der Oper oder den Wolkenkratzern der deutschen Börse. Dieser Anblick war für mich mehr als merkwürdig, und ich fragte mich, was um Himmels willen Wildkaninchen in die deutsche Finanzmetropole zieht: Waren es der reich gedeckte Tisch zu jeder Jahreszeit, die wärmeren Temperaturen in der Stadt oder doch die vielen Versteckmöglichkeiten in der dichten Vegetation? Aus Studien über Vögel wusste ich, dass sich auch das Kommunikationsverhalten von Tieren in der Stadt ändern kann. Ich führte also eine vergleichende Studie zwischen Land- und Stadtkaninchen durch, um herauszufinden, wie sich ihr Kommunikationsverhalten mittels der Latrinen unterscheidet. »Reden« Stadt- und Landkaninchen womöglich über unterschiedliche Dinge und legen deswegen ihre Latrinen anders an? Ich verspreche Ihnen, dass wir auch dieser Frage auf den Grund gehen werden!

Und was hat das alles mit uns Menschen zu tun?
Je mehr ich mich mit der Biokommunikation beschäftigte, desto mehr fiel mir auf, dass meine eigenen Kommunikationsfähigkeiten nicht gerade die besten sind: Ich höre oft nicht richtig zu, antworte gern mal an einer Frage vorbei oder bin mir nicht darüber klar, was ich eigentlich sagen will. Was für den einen exzellente Kommunikationsfähigkeiten sind, grenzt für den anderen an eine verbale Beleidigung. Für mich als Brandenburgerin ist es schon viel, wenn ich mir zur Begrüßung ein einsilbiges »Morgen« abringen kann. Das kam während meiner Doktorarbeitszeit an der Goethe-Universität in Frankfurt etwas komisch bei meinen hessischen Kollegen an.

Dort wurde ich jeden Morgen mit vier Wörtern mehr begrüßt: »Ei gude morsche alle miteinanner!« Wie viel schlimmer es hätte kommen können, zeigte mir ein Besuch in Stuttgart, wo ein »Gudde Morge! Au emmr am Schaffa oder älls fleißig, gell?« meine Kommunikationskapazität am Morgen definitiv gesprengt hat. Ist der Schwabe mit seinen zehn Wörtern morgendlicher Begrüßung deshalb kommunikativer als ein Hesse oder ein Brandenburger? Wo liegt zwischen »Morgen« und »gelle« das Kommunikationsoptimum?

Auf der Suche nach Antwort auf diese Fragen nahm ich an unzähligen Kursen und Veranstaltungen zur Kommunikation teil: von der Wissenschaftskommunikation über ein Elevator-Pitch-Training bis hin zu Science Slams. Parallel zu meiner Arbeit als Verhaltensbiologin im Feld und Labor war ich so gesehen auch mein eigenes Forschungsobjekt. Ich kam mit vielen Menschen in Kontakt und erzählte ihnen von meiner Forschung und den täglichen Problemen menschlicher Kommunikation. Fasziniert schaute mich mein Gegenüber an, sobald ich von den komplizierten Latrinenmustern der Wildkaninchen berichtete, die für die Tiere fast so etwas sind wie die sozialen Medien für uns Menschen. Immer wieder wurde ich gefragt, wie Kommunikation in der Natur funktioniert und ob auch Pflanzen oder Bakterien kommunizieren. Was ist das Geheimnis der Natur für eine funktionierende Kommunikation? Wie können wir Menschen in unserem Alltag davon profitieren? Ich begann, mich immer mehr mit diesen Fragen zu beschäftigen, und stieß dabei auf die faszinierendsten Zusammenhänge. In diesem Buch nun vereine ich mein Wissen als Verhaltensforscherin mit Erfahrungen aus meinem eigenen Kommunikationsalltag, um diese und andere Fragen zu beantworten.

Die To-do-Liste des Lebens

Bevor wir tief in die Welt der Biokommunikation abtauchen, brauchen wir zunächst ein wenig theoretisches Rüstzeug. Dass »bio« Leben bedeutet, wissen wir nun – doch was ist Leben überhaupt? Welche Merkmale sind allen Lebewesen gemeinsam, und wie viele davon braucht es, damit sich Leben »Leben« nennen darf? Generationen von Wissenschaftlern zerbrachen sich bereits ihre Köpfe über diese grundlegenden Fragen, und noch längst ist dieses Thema nicht abschließend diskutiert. Was wir zum jetzigen Zeitpunkt wissen, ist, dass es einige Merkmale wie die Fortpflanzung oder die Fähigkeit zur Reaktion auf die Umwelt gibt, anhand derer wir Leben als solches erkennen. Am Anfang des Buches habe ich alle wichtigen Merkmale des Lebens in einem Gedicht untergebracht. Jetzt ist es an der Zeit, Strophe für Strophe einen genaueren Blick hinter die Kulissen des Lebens zu werfen – ich wünsche Ihnen viel Spaß dabei!

Leben hält Ordnung

Struktur ist fürs Leben ein echter Gewinn.
Zwei Hände, zwei Augen? Das alles macht Sinn!
Leben braucht Ordnung und schafft sie zugleich.
Das Geheimnis des Lebens: Mit System wirst du reich.

Das Sprichwort »Ordnung ist das halbe Leben« sollte eigentlich »Ordnung ist das ganze Leben« heißen, denn ohne Ordnung und Struktur gibt es kein Leben auf dieser Welt. Ordnung zeigt sich auf allen Ebenen und bedeutet, dass alles seinen Platz hat und nicht zufällig durch die Gegend schwirrt. Die Atome sind Bausteine, die sich zu Molekülen »zusammensetzen« lassen. Moleküle wiederum organisieren sich zu den Bestandteilen einer Zelle. Das Wort Zelle stammt vom Lateinischen *cellula* und bedeutet so viel wie »kleine Kammer«. So ist eine Zelle nach außen durch eine feste Wand oder flexible Membran abgeschlossen. In der kleinen Kammer gibt es alles, was für das Leben gebraucht wird. Viele solcher Zellen können nun mehrzellige Lebewesen wie Tiere und Pflanzen bilden, und auch bei ihnen findet sich das Prinzip der Organisation und Struktur wieder: Einige Zellen sind für den Stoffwechsel zuständig, andere für die Bewegung, wieder andere für die Weiterleitung von Informationen. Alle Zellen mit der gleichen Aufgabe gehören zu einem Zellverband, auch als Gewebe bekannt. Gewebe mit der gleichen Funktion gehören zu einem Organ. Organe mit ähnlichen Aufgaben wiederum bilden ein Organsystem. Diese einzelnen Zell-Abteilungen werden vom restlichen Organismus mit allem Nötigen versorgt, damit sie in Ruhe ihrer Arbeit nachgehen können. Diese Aufgabe wiederum übernehmen Transportsysteme, die zum Beispiel Nahrung und Sauerstoff zu den Zellen transportieren. Gäbe es keine Ordnung im Kleinen, zum Beispiel bei der Anordnung der Zellen, dann gäbe es sie auch nicht im Großen, wie wir sie beispielsweise in der symmetrischen Form einer Blüte finden.

Leben wechselt Stoffe

Sonne, Wasser und Nährstoff dazu,
es wechseln sich Stoffe vom Wurm bis zur Kuh.
Entstehen und Vergehen, das Leben muss mit.
Ohne Energie geht kein einziger Schritt.

Wie schnell aus Ordnung Unordnung wird, kennen wir Menschen nur zu gut aus unserem Alltag. Damit alles an Ort und Stelle und somit die Ordnung erhalten bleibt, braucht es Energie. Wenn wir aufräumen und unser Heim säubern, kommt die Energie für den Staubsauger aus der Steckdose. Im Gegensatz zum Haushaltsgerät sind Sie ein Lebewesen, und Ihre Energie können Sie nicht einfach aus der Wand beziehen. Energie ist somit nicht gleich Energie. Für Sie, mich und alle anderen Lebewesen ist die chemische Energie für den Erhalt der Ordnung entscheidend. Diese Energie steckt in der Nahrung, die jedes Lebewesen zu sich nimmt. Der Austausch von

Nährstoffen mit der Umgebung ist somit ein weiteres Merkmal des Lebens: Erst der Stoffwechsel hält die Ordnung der Zellen und somit das ganze Lebewesen aufrecht. Lassen wir der Natur freien Lauf, werden nur so viele Stoffe »gewechselt«, wie für das Erhalten eines Gleichgewichts nötig ist. Ohne Energie aus der Nahrung kann das Leben keine Informationen aufnehmen oder senden, und es kann auch keine Kommunikation stattfinden.

Leben nimmt seine Umwelt wahr und reagiert darauf

Geheimes bleibt nicht lang verborgen,
Leben kennt heut schon die Infos von morgen.
Sinne scharf wie ein Samurai-Schwert,
Leben reagiert auf den brandheißen Herd.

In seiner Gesamtheit ist der Wald die zu jedem Zeitpunkt einzigartige Zusammensetzung aus allen lebenden und nicht lebenden Bestandteilen der Umgebung – ein Ökosystem. Zu diesen nicht lebenden Bestandteilen gehören jedes Sandkorn, jeder Kubikmeter Luft und jedes Tröpfchen Wasser! Ein Regenwurm kann einen Stein im Boden wahrnehmen und sich notfalls einen anderen Weg durch das Erdreich suchen. Der unbelebte Stein hingegen zeigt für uns keine sichtbare Reaktion auf den Regenwurm. Ein wichtiges Merkmal aller Lebewesen ist somit die Fähigkeit, ihren Lebensraum mithilfe von Empfängersystemen wahrzunehmen und darauf zu reagieren. So ist der Lebensraum voller optischer, akustischer (mechanischer), chemischer oder elektrischer *Daten*. Diese Daten werden erst zu *Informationen*, wenn ein Lebewesen sie mit seinen Empfangsstationen »Zellen« wahrnehmen kann. Solche Empfänger-Zellen heißen auch Rezeptoren, abgeleitet vom lateinischen Wort *receptor*, was so viel bedeutet wie »Aufnehmer«. Die Art der Rezeptoren entscheidet darüber, welche Informationen ein Lebewesen aufnimmt: So sind die tierischen Sinnesorgane Augen wie gemacht für Farben und Formen und Nasen »just perfect« für Gerüche. Rezeptoren ermöglichen somit einem Lebewesen, sich im eigenen Lebensraum zu orientieren: Wo gibt es Licht oder Wasser, und wohin kann ich mich bewegen, ohne gegen einen Stein zu stoßen? Trifft nun ein Lebewesen auf ein anderes Lebewesen, können beide mittels ihrer Rezeptoren Informationen empfangen und austauschen. Die Fähigkeit zum Austausch von Informationen ist wiederum die Basis für Kommunikation! Erst der Austausch an Informationen der Lebewesen untereinander und die Interaktion mit ihrer unbelebten Umwelt ergibt das große Ganze: ein in sich funktionierendes Ökosystem.

Leben vermehrt sich

Leben pflanzt sich munter fort,
besiedelt auch den fernsten Ort.
Teilung ist ein Kinderspiel,
aus eins mach zwei, aus zwei mach viel.

Omnis cellula e cellula. Dieser wohlklingende lateinische Satz bedeutet so viel wie »Jede Zelle geht aus einer Zelle hervor«. Leben pflanzt sich fort und gibt somit den eigenen Bauplan, die DNA, an die Nachkommen weiter. Im besten Fall sind diese Nachkommen ebenfalls wieder in der Lage, sich zu vermehren. Dabei hat Fortpflanzung nicht zwangsläufig etwas mit Sex zu tun! Eine einzelne Zelle kann sich durch die Teilung ihrer selbst verdoppeln und sich somit vermehren. Diese Vermehrung durch Zellteilung findet vor allem bei einzelligen Lebewesen wie den Bakterien statt. Die Zelle vervielfältigt ihre Zellbestandteile inklusive des eigenen Bauplans und teilt sich. Unter guten Bedingungen können sich einige Bakterienarten alle zehn bis zwanzig Minuten verdoppeln und somit zwei identische Tochterzellen hervorbringen. Diese asexuelle Fortpflanzung heißt auch ungeschlechtliche Fortpflanzung, denn sie kommt ohne Geschlechter wie beispielsweise »männlich« und »weiblich« aus. Für ein sich ungeschlechtlich fortpflanzendes Lebewesen fällt die aufwendige Suche nach dem anderen Geschlecht somit weg.

Ganz anders die sexuelle Fortpflanzung: Hier verschmelzen die Geschlechtszellen zweier gleichartiger Lebewesen miteinander. So ist die Besonderheit dieser Zellen, dass sie einen halbierten DNA-Bauplan mitbringen. Erst das Verschmelzen zweier Geschlechtszellen zu einer gemeinsamen Zelle komplettiert den Bauplan wieder. Aus dieser Zellfusion mit dem Namen *Zygote* kann nun durch Zellteilung ein neues Lebewesen heranwachsen. Die durch geschlechtliche Fortpflanzung entstehenden Nachkommen unterscheiden sich somit sowohl untereinander als auch von ihren Eltern. Die Eltern sind wiederum mehrzellige Lebewesen wie Pilze, Pflanzen und Tiere, die solche Geschlechtszellen für ihre sexuelle Vermehrung bilden. Dabei handelt es sich nicht immer um männliche und weibliche Geschlechtszellen. Lebewesen wie die Pilze können theoretisch mehrere Tausend verschiedene Geschlechter für die sexuelle Fortpflanzung ausbilden – ziemlich abgefahren, wie ich finde!

Leben wächst und bewegt sich

Hölzerne Türme, tausend Jahre alt,
Leben wächst und macht keinen halt.
Schneckentempo oder Katzensprung,
Bewegung hält das Leben jung.

War die Befruchtung erfolgreich, kann das neue Leben wachsen und somit an Masse zunehmen. Diese Masse basiert auf der Teilung und Streckung der Zellen. Je mehr Zellen sich nun teilen und strecken, desto mehr Wachstum findet auch auf den anderen Organisationsebenen wie bei den Geweben, Organen usw. statt – das gilt für den Baumumfang gleichermaßen wie für den Bauchumfang. Wie groß der Spielraum in Sachen Wachstum in der Natur sein kann, wird an folgenden Extremen deutlich: Eines der bisher größten bekannten Lebewesen ist der unterirdisch wachsende Pilz *Armillaria ostoyae*. Er bedeckt in einem amerikanischen Naturschutzgebiet in Oregon eine Fläche von über 950 Hektar und somit mehr als 678 Fußballfelder. Das Alter des Pilzes schätzen Wissenschaftler auf stattliche 2400 Jahre. Im Gegensatz dazu misst eines der kleinsten Lebewesen im Durchmesser nur zwischen winzigen 350 und 500 Nanometern und trägt den Namen *Nanoarchaeum equitans*. Aus dem Lateinischen übersetzt bedeutet dies so viel wie »reitender Urzwerg«. Der Name dieses Einzellers ist nicht aus einer reinen Bierlaune heraus entstanden, denn tatsächlich reitet der Urzwerg auf dem »Rücken« eines anderen Einzellers namens *Ignicoccus hospitalis* – auch als Feuerkugel bekannt – durch die Gegend. Apropos durch die Gegend reiten: Die Fähigkeit zur Bewegung ist ein weiteres Merkmal des Lebens, auch bei den auf den ersten Blick unbeweglich erscheinenden Pilzen und Pflanzen.

Leben entwickelt sich weiter

Panta rhei, wie die Griechen sagen,
das Leben stellt stets neue Fragen.
Alles fließt und ist verbunden,
Leben will sich selbst erkunden.

Das Gesicht unseres Planeten hat sich im Laufe der letzten Jahrmillionen oft gewandelt und mit ihm die darauf herrschenden Lebensbedingungen. Mal war es heiß, mal kalt, mal gab es viele Nährstoffe und mal wieder weniger. Das Leben hat sich jedoch nie unterkriegen lassen und sich immer wieder an neue Bedingungen angepasst. Dafür musste es sich weiterentwickeln, und genau diese Fähigkeit zur Weiterentwicklung ist unser letztes Merkmal für Leben. So kommt zwar eine Zelle gut für sich allein zurecht, doch erst im Verbund mit anderen Zellen kann sie neue Aufgaben übernehmen. Wir können uns die Entwicklung von mehrzelligen Pilzen, Pflanzen und Tieren wie einen Hausbau vorstellen: Setzen wir einzelne Ziegel richtig aneinander, kann daraus ein Haus entstehen. Dieses Haus kann nun eine ganz neue Funktion übernehmen. So sind Mehrzeller aus einzelnen Zellen aufgebaut und können nun ebenfalls »mehr« als die einzelne Zelle beziehungsweise die Summe ihrer einzelnen Zellen. Wie bei einem Haus findet sich auch bei mehrzelligen Lebewesen das Prinzip der Organisation und Struktur in den einzelnen Räumen wieder. So ist ein Haus aufgeteilt in verschiedene Zimmer, die in ihrer Einrichtung auf ganz bestimmte Aufgaben spezialisiert sind, zum Beispiel die Küche für die Nahrungszubereitung. Als das Leben den Schritt vom Wasser auf das Land machte, verlangte dieser Lebensraum Neuerungen wie beispielsweise eine Abteilung, die sich nur auf den Transport von Wasser spezialisiert.

Eine Welt voller Informationen

Kommen wir nun zum zweiten Teil der Biokommunikation und somit zur Frage: Was ist eigentlich Kommunikation? Im Laufe meiner Forschung und in Gesprächen mit Wissenschaftlern aus anderen Fachgebieten kreuzten viele Definitionen und theoretische Modelle zur Kommunikation meinen Weg. Die Antwort auf diese Frage kann zweifelsfrei die restlichen Seiten dieses Buches füllen, denn Kommunikation ist eine ganz eigene Welt für sich mit unzähligen Aspekten. Fragen wir einen Psychologen, mag dieser eine andere Antwort parat haben als ein Informatiker oder ein Kommunikationswissenschaftler. Auch unter Biologen gibt es anhaltende Diskussionen darüber, ab wann ein Lebewesen mit einem anderen tatsächlich kommuniziert.

Wie aus Daten Informationen werden

Auf einen Nenner gebracht steht der Begriff Biokommunikation für die aktive Übertragung von Informationen zwischen Lebewesen – so weit, so gut. An dieser Stelle stoßen wir gleich auf zwei neue Fragen: Was sind eigentlich Informationen, und wie kann ein Lebewesen diese aktiv senden? Obwohl es auf den ersten Blick ganz einfach scheint, hat es das Wort *Information* tatsächlich in sich und führte zu einer abendfüllenden Diskussion zwischen zwei Datenbank-Programmierern und mir. Interpretiert ein Mensch Daten, werden aus diesen Daten für ihn nutzbare Informationen. Die

Interpretation setzt jedoch zunächst die Wahrnehmung der Daten voraus.

An dieser Stelle kommen wieder die Empfangsstationen, also die Rezeptoren, ins Spiel. Das Lesen einer Zeitung verdeutlicht aus meiner Sicht schön den Unterschied zwischen Daten und Informationen: Erst wenn Sie eine Zeitung lesen, nehmen Sie die darin befindlichen Daten in Form von Buchstaben, Wörtern und ganzen Sätzen wahr. Interpretieren Sie diese Daten richtig, eröffnet sich Ihnen der Informationsgehalt der Zeitung. Voraussetzung ist, dass Sie die gleiche Sprache sprechen wie die Personen, die diese Zeitung zusammengestellt haben. Bakterien, Pilze, Pflanzen und Tiere sind in ihrem Lebensraum ebenfalls ständig von Daten umgeben. Die Daten eines Waldes, eines Sees oder einer Wiese stammen von den Eigenschaften der sich darin befindenden Bestandteile. Neben sämtlichen Lebewesen gehören auch unbelebte Dinge wie das Wasser, die Steine oder das Licht dazu. Jeder dieser Bestandteile hat messbare Eigenschaften, die sie voneinander unterscheidbar machen. Ein Vogel sieht anders aus, hört sich anders an und riecht anders als ein Baum oder ein Stein. So werden die Daten in der Natur wie Farben, Formen, Klänge oder Gerüche erst zu Informationen, wenn Lebewesen sie mithilfe ihrer Rezeptoren wahrnehmen.

Signale – Anschluss unter der richtigen Nummer

Wir wissen nun, dass es Lebewesen mit Rezeptoren braucht, damit aus Daten Informationen werden. Solche Rezeptoren zur Aufnahme von Informationen finden sich auch innerhalb einer Zelle. In diesem Buch bleiben wir jedoch auf der Ebene der Kommunikation zwischen den Zellen und beginnen bei den kleinsten »Gesprächspartnern«, den für sich eigenständig lebenden Einzellern wie beispielsweise einer Bakterie oder einem Pantoffeltierchen.

Wie die aktive Übertragung von Informationen innerhalb der Kommunikation funktioniert, lässt sich an einem einfachen Modell erklären. In den 1940er-Jahren entwickelten die Mathematiker Claude E. Shannon und Warren Weaver in den USA ein Modell basierend auf der menschlichen Kommunikation per Telefon. Mithilfe des Sendegeräts *Telefon* verpackt der Sender die zu übermittelnden Daten in ein Signal. Sobald der Sender den Empfänger anruft und dieser mithilfe seines Empfangsgeräts *Telefon* auf Empfang ist, kann das Signal übertragen werden. Mit der Wahrnehmung der im Signal verpackten Daten durch den Empfänger werden diese wieder zu Informationen[*]. Will ein Lebewesen nun aktiv Informationen an ein anderes Lebewesen senden, kann es diese zur verbesserten Übertragung ebenfalls in einem Signal verpacken. Verpacken heißt, dass je nach Grund für die Kommunikation ganz bestimmte Informationen miteinander kombiniert werden. Auf diese Weise entstehen die unterschiedlichsten Signale, zum Beispiel zur Warnung der Artgenossen vor Gefahr. Schauen wir uns das Ganze an einem Beispiel an: Ist eine männliche Amsel in sexueller Aufregung und will ein Amselweibchen zur Paarung überreden, verpackt er diese Information in einem akustischen Signal namens *Balztriller*. Dieser Triller besteht aus einer Folge von Tönen in einer bestimmten Tonhöhe. Zusätzlich zu diesem akustischen Signal sendet das Männchen auch optische Signale, um seiner Motivation zur Paarung noch weiter Nachdruck zu verleihen. Solche optischen Signale können beispielsweise bestimmte Körperhaltungen oder Bewegungen sein. Im Falle der Amsel gehört dazu das Zittern der leicht herabhängenden Flügel. Das vorhandene Licht, die Luft oder das Wasser im Lebensraum der Amsel sind die Kanäle für die Übertragung solcher Signale. Ein sich in der Nähe befindendes Amselweibchen kann die vom Männchen gesendeten akustischen und optischen Signale nicht nur mit ihren Rezeptoren »Ohr« und »Auge« empfangen. Sie erkennt auch den Informationsgehalt dieser Signale und somit die Motivation des männlichen Artgenossen, sich mit ihr zu paaren. Nun ist es an ihr, auf diese Signale zu reagieren und die Anfrage des Männchens nach »Willst du mit mir gehen?« mit »Ja«, »Nein« oder »Vielleicht« zu beantworten.

---

[*] Der Einfachheit halber spreche ich ab jetzt auch nur noch von Informationen und nicht mehr von Daten.

Kommunikation nach dem Shannon-Weaver-Kommunikationsmodell.
Der Sender (männliche Amsel links) sendet mit seinem Sendegerät ein Signal
(Balztriller) über den Kanal an den Empfänger (weibliche Amsel rechts).
Der Empfänger kann mit seinem Empfangsgerät die im Signal verpackten
Informationen entpacken.

Warum überhaupt Kommunikation?

Woher aber weiß die weibliche Amsel, dass die Signale »lautes Ge-
schrei« und »zitternde Flügel« ihr gewidmet sind und diese Show
bedeutet, dass ein Männchen ihrer Art sich mit ihr paaren will?
Handelt es sich um so grundlegende Dinge wie die Fortpflanzung,
sind das Erkennen und die Interpretation von Kommunikations-
signalen meist angeboren. Dieselbe Abfolge an Informationen diente
auch schon bei den Eltern der beiden Amseln als Signal für die
Fortpflanzung, und bei deren Eltern und deren davor. Die Bedeutung vieler Signale kann aber auch erlernt werden, indem die Nachkommen die Eltern und Geschwister beobachten, Verhaltensweisen nachahmen und auf diese Weise lernen, welche Signale für die
eigene Kommunikation wichtig sind. Die Entstehung solcher Kommunikationssignale über viele Generationen wird mit einem gegenseitigen Nutzen des Informationsaustausches zwischen Sender und
Empfänger erklärt. So ist das aktive Senden von Informationen mit
Aufwand für den Sender verbunden, und auch das Reagieren des

Empfängers auf diese Informationen kostet Ressourcen. So viel Aufwand lohnt sich anscheinend nur, wenn am Ende etwas dabei herausspringt – sowohl für den Sender als auch den Empfänger. Je nachdem, für wen die zu sendenden Informationen bestimmt sind, kann es auch in der Natur die unterschiedlichsten Motivationen für Kommunikation geben. Eine Win-win-Situation entsteht immer dann, wenn sowohl Sender als auch Empfänger vom Ausgang einer Kommunikation gleichermaßen profitieren. Zwischen verwandten Lebewesen wie Eltern und ihren Nachkommen ist die Wahrscheinlichkeit besonders groß, dass Sender und Empfänger die gleichen Gründe für Kommunikation besitzen und somit ehrliche (!) Informationen zum gegenseitigen Vorteil austauschen. Haben Sender und Empfänger unterschiedliche Interessen am Ausgang der Kommunikation, kommt es auch in der Natur nicht selten zum Senden falscher Mitteilungen. So können Signale Informationen enthalten, die nicht den tatsächlichen Eigenschaften des Senders entsprechen – ihn beispielsweise größer erscheinen lassen, als er eigentlich ist. Wie Sie später noch genauer sehen werden, besteht so ein Interessenkonflikt vor allem zwischen den Geschlechtern. Die Männchen wollen meist Masse, die Weibchen eher Klasse.

Lauschangriffe und abhörsichere Kanäle

Kommen wir nochmals auf unsere Amseln zurück. Das »Gespräch« zwischen Amselmännchen und Amselweibchen findet nicht im Verborgenen statt, sondern auf einem öffentlichen Kanal innerhalb ihres Lebensraumes. Hier gibt es viele andere Lebewesen, die mithilfe ihrer Rezeptoren ebenfalls ihre Umwelt wahrnehmen können. Eine Katze besitzt beispielsweise Rezeptoren, mit deren Hilfe sie das Gezwitscher der Amseln wahrnehmen und somit deren Kommunikation belauschen kann. Der Balztriller des Amselmännchens hat jedoch nicht denselben Effekt auf die Katze wie auf das Amselweibchen. Für die Katze bedeuten die aufgenommenen Informationen so viel wie: »Hier wartet leicht zu erbeutendes Abendbrot!« Durch das Belauschen der Vogelkommunikation gelangt die Katze an Informationen, die sie nun für ihren eigenen Vorteil nutzen kann. Mit dem Wissen um den Standort ihrer Beute schleicht sie sich lautlos an die Amseln heran. Im schlimmsten Falle endet die Kommunikation zwischen Amselmännchen und Amselweibchen auf diese Weise mit dem Tod durch Katze. Sehen beziehungsweise hören die Amseln den Angreifer, dann handelt es sich bei den aufgenommenen Informationen mit dem Inhalt »Katze kommt« um einen Reiz für die Vögel. Das Amselmännchen könnte nun einen Warnruf ausstoßen, der sich in seiner Tonhöhe und Abfolge von dem des Balztrillers eindeutig unterscheidet. Das akustische Signal »Schluss mit lustig, Gefahr droht«, erkennt das Weibchen ebenfalls als solches und bringt sich in Sicherheit. Für die Katze hat dieser Warnruf wiederum eine andere Bedeutung – ihre Anwesenheit wurde entdeckt. Viele Beutetiere sind sich durchaus darüber bewusst, dass in der Öffentlichkeit überbrachte Mitteilungen durch Räuber gegen sie verwendet werden. Oft entwickeln sich aus diesen Spionageangriffen abhörsichere Kommunikationssignale, die über private Kanäle gesendet werden. So nutzen viele Insekten für die Kommunikation mit Artgenossen optische Signale im UV-Bereich. Diese können von ihren Fressfeinden oft nicht wahrgenommen werden, weil ihnen die entsprechenden Rezeptoren fehlen.

Es geht los!

Sie sehen schon, alle Lebewesen – wie eben auch die Bewohner eines Waldes – senden und empfangen Informationen und stehen somit auf vielfältigste Weise im Austausch miteinander. Dabei ist besonders spannend, wie Lebewesen die aufgenommenen Informationen interpretieren und darauf reagieren. Dieses Buch enthält Geschichten über ebensolche Informationsnetzwerke in der Natur, die mich besonders begeistert haben und die ich gern mit Ihnen teilen möchte. Im ersten Teil des Buches gebe ich Ihnen einen kurzen Überblick darüber, WIE Lebewesen Informationen senden und empfangen. Können Pflanzen zum Beispiel hören oder Pilze sehen? Im zweiten Teil treffen wir auf die Sender und Empfänger in der Natur an Land, im Wasser oder in der Luft. Wir statten den Einzellern, Pilzen, Pflanzen und Tieren einen Besuch ab und beantworten die Fragen: WER tauscht eigentlich mit WEM und WARUM Informationen aus? Hier geht es um ehrliche Freundschaften zwischen Pilz und Pflanze, um spionierende Pantoffeltierchen oder lügende Fische. Im dritten Teil verrate ich Ihnen, was es mit den Wildkaninchen in der Stadt Frankfurt am Main auf sich hat und wie sich Informationsnetzwerke in der Natur mit der Umwelt eines Lebewesens verändern. Zurück von der Reise, bleibt es Ihnen am Ende selbst überlassen, wie viel Sie von Ihren Eindrücken und dem neuen Wissen um die Biokommunikation mit in Ihren Alltag nehmen. Als Menschen sind wir Teil des Lebens, und somit gibt es für uns unterwegs sicher mehr Parallelen zu entdecken, als wir jetzt vielleicht vermuten. Vielleicht hilft Ihnen das Wissen um die Kommunikation in der Natur weiter, wenn Sie im Alltag an die Grenzen des Informationsaustausches mit Ihren Artgenossen stoßen – fast so wie bei meinen Kindheitshelden im Märchen. Ich wünsche Ihnen also viel Spaß auf der Reise und viele Aha-Momente.

TEIL I

WIE werden Informationen ausgetauscht?

1 Das Leben ist auf Sendung

Was sind das nun genau für Informationen, die ein Lebewesen sendet, und gibt es Unterschiede zwischen Einzellern, Pilzen, Pflanzen und Tieren? Um diese Fragen geht es in diesem Kapitel, und ich wette, Sie werden staunen, auf welch vielfältige Art und Weise sich das Leben mitteilt. Beginnen wir bei der Frage nach dem WIE direkt beim OffenSICHTlichen – den optischen Informationen.

Alles so schön bunt hier

Unsere Welt ist voller optischer Daten, und so nutzen auch Lebewesen optische Informationen wie Farben, Formen und Bewegungen für die Kommunikation – angefangen vom Rot-Weiß des Fliegenpilzes über die Form einer Orchideenblüte bis hin zum Balztanz eines Vogels. All diese optischen Informationen können sowohl der Kommunikation zwischen Lebewesen der gleichen Art als auch zwischen Lebewesen unterschiedlicher Art dienen.

Optische Informationen – ein Kommunikationsschnäppchen unter den Signalen

Bleiben Sender und Empfänger in Sichtweite, ist das Senden optischer Informationen ein »Kommunikationsschnäppchen«, denn mit ihnen lassen sich schnell, günstig und unter minimalstem Verlust Informationen austauschen. Farben und Formen sind jedoch als Kommunikationsmittel nicht besonders flexibel einsetzbar. Wir Menschen können unsere Haare färben, uns schminken oder die

Kleidung wechseln und auf diese Weise jeden Tag neue optische Informationen versenden. Handelt es sich nicht gerade um ein Chamäleon oder einen Tintenfisch, können das die meisten Lebewesen nicht. Was die Form angeht, stellen »aufblasbare« Körperteile wie zum Beispiel der Kehlkopf des Truthahns eine Ausnahme dar.

Lebewesen wie die Tiere können in ihrer optischen Kommunikation aber trotzdem aus dem Vollen schöpfen, denn sie sind in der Lage, sich zu bewegen. So sind Bewegungen jeglicher Art die »flexiblen« unter den optischen Signalen, denn der Sender kann sie innerhalb kürzester Zeit an eine sich ändernde Kommunikationssituation anpassen. Das ist gerade in einer sich schnell ändernden Umwelt wichtig, beispielsweise wenn ein Lebewesen von vielen anderen Artgenossen umgeben ist und die Art der zu sendenden Informationen an jedes Mitlebewesen individuell anpassen muss. Bewegungen in der Kommunikation umfassen ganze Tänze, die Insekten, Vögel oder Fische aufs Parkett legen. Der zickzackförmige Paarungstanz des männlichen Dreistachligen Stichlings *(Gasterosteus aculeatus)* ist wohl einer der berühmten tänzerischen Vorführungen im Tierreich. Allerdings hat so viel Körpereinsatz in der Kommunikation auch ihren Preis: Bewegungen brauchen je nach Intensität sehr viel Energie. Es muss jedoch nicht immer gleich eine bühnenreife Tanzdarbietung sein, um Informationen zu übertragen.

So spielt die Mimik bei vielen Tieren inklusive uns Menschen eine wichtige Rolle in der Kommunikation. Da vergeht uns sprichwörtlich »schnell das Lachen«, oder wir machen »gute Miene zum bösen Spiel«. Säugetiere, die mit Artgenossen in einer Gruppe leben, haben ein besonders großes Repertoire an »Gesichtsausdrücken«. So stellt bei Wölfen oder Affen die Mimik ein wichtiges Kommunikationsmittel untereinander dar.

Das Senden optischer Informationen wie Farben, Formen und Bewegungen funktioniert allerdings erst dann, wenn sich Sender und Empfänger gegenseitig sehen können. Je nach Lebensraum und Lebewesen sind die Grenzen des Sichtfeldes schnell erreicht,

Beispiele für unterschiedliche Färbungen und Muster bei Fischen. Links: Salvins Buntbarsch *(Cichlasoma salvini)* zeigt während der Brutzeit eine besonders intensive Färbung. Mitte: Weibchen des Grünen Schwertträgers *(Xiphophorus hellerii).* Die beliebten Aquarienfische weisen im Laufe der Züchtung eine rote Grundfarbe auf. Rechts: Vertreter der Barsch-Art *Vieja bifasciata* mit typischer dunkler Färbung längs der Körperseite.

und somit gehören große Übertragungsweiten nicht gerade zu den Stärken optischer Signale. Ein Baum kann da schnell zum undurchdringbaren Hindernis werden und stört gnadenlos die Informationsübertragung im Wald. Kann ein Vogelweibchen das Männchen nicht sehen, hilft auch sein buntestes Gefieder und wildester Balztanz nicht mehr, denn die Informationen dringen einfach nicht bis zum Empfänger durch.

Kommunikationskanal für optische Informationen: elektromagnetische Energie

Optische Informationen werden über den Kommunikationskanal Licht gesendet. Was aber ist Licht eigentlich? Diese Frage wirkt auf den ersten Blick ganz harmlos und einfach zu beantworten. Sie hat es allerdings in sich und ist nicht nur für mich als Biologin eine schwer zu knackende Nuss. Harald Lesch, Professor für Theoretische Astrophysik an der Ludwig-Maximilians-Universität München, moderiert die Wissenschaftssendung *alpha-Centauri* und bringt es in der Folge *Was ist Licht?* auf den Punkt: Licht muss wahnsinnig schnell sein. Es verhält sich wie eine Welle und hat je nach seiner Wellenlänge unterschiedlich viel Energie.

Reden wir Menschen im Alltag von Licht, meinen wir damit meist nur das für uns sichtbare Tageslicht. Die Hauptquelle für dieses sichtbare Licht auf unserer Erde ist die Sonne. Das sichtbare Licht enthält die Wellenlängen der uns bekannten Farben.

Jede Farbe hat dabei ihren ganz eigenen Energiegehalt, je nach Wellenlängenbereich: Von Violett über Blau bis Orange und Rot nimmt der elektromagnetische Energiegehalt immer mehr ab. Diese Energieform trägt auch den Namen »elektromagnetische Strahlung« und befindet sich überall um uns herum. Die elektromagnetische Strahlung umfasst jedoch ein weites Spektrum an Energie. Der für uns sichtbare Bereich ist dabei nur ein Teil dieses Spektrums. Die Ultraviolettstrahlung, oder kurz UV-Strahlung genannt, liegt beispielsweise vor dem für uns noch sichtbaren violetten Licht und somit außerhalb unserer optischen Wahrnehmung. Am anderen Ende des für uns sichtbaren Bereiches – also jenseits der Farbe Rot – schließen sich das energieärmere Infrarot sowie Radio- und Mikrowellen an.

Farbstoffe fangen Licht ein

Anthrachinone, Anthozyane, Karotinoide, Betalaine oder Melanine – was nach einer Auflistung ausgefallener Mädchennamen klingt, sind Farbstoffgruppen aus dem Atelier der Natur. Sie sind die Antwort auf die Frage, wie Pilze, Pflanzen und Tiere zu ihren bunten Farben kommen. Die Farbstoffe sind meist eingelagert in die Oberfläche eines Lebewesens wie die Haut, die Haare oder die Federn. Liegen die Farbstoffe mit dem Licht auf einer Wellenlänge, können sie es einfangen oder, anders formuliert, absorbieren. »Auf der gleichen Wellenlänge sein« lässt sich auch in einem Wort zusammenfassen: Resonanz. Die Struktur der Farbstoffe entscheidet darüber, welchen Teil der elektromagnetischen Strahlung sie einfangen und somit in Resonanz gehen können. Nun wird es spannend: Es ist nicht die vom Farbstoff eingefangene Energie, die über die Farbe entscheidet! Tatsächlich sind es die Anteile der Strahlung, die der Farbstoff nicht einfangen kann. Was passiert mit diesen nicht eingefangenen Lichtanteilen? Sie werden vom Farbstoff wieder zurückgeschickt oder, physikalisch korrekt ausgedrückt, reflektiert. Genau diese reflektierten Energiebereiche verleihen dem »Stoff« seine Farbe. Die strahlenden blauen und violetten Farbtöne in den Blüten der Stiefmütterchen sind ein besonders schönes

Beispiel für die Farbstoffgruppe der Anthozyane. Sie reflektieren das sichtbare Licht mit dem Energiegehalt für Blau, Violett oder Rot. Die Karotinoide reflektieren dagegen den Energiebereich für Gelb, Orange und Rot. Werden alle Energiebereiche des sichtbaren Lichts absorbiert, sehen Lebewesen sprichwörtlich schwarz! Schwarze Oberflächen »verschlucken« alle elektromagnetische Strahlung im sichtbaren Bereich. Bei weißen Oberflächen hingegen ist es genau umgekehrt: Das einfallende sichtbare Licht wird wieder komplett reflektiert. Weiße Blüten erscheinen beispielsweise deswegen weiß, weil sie keine Farbstoffe besitzen, die elektromagnetische Strahlung einfangen. Oder andersherum: An weißen Oberflächen werden die meisten Lichtanteile wieder reflektiert.

Farbstoffe sind jedoch nur die halbe Wahrheit, wenn es um die schönen Farben in der Natur geht. Die Beschaffenheit der Oberfläche eines Lebewesens selbst entscheidet ebenfalls darüber, wie viel Licht es einfängt oder eben wieder reflektiert. So besitzen viele Blüten Lufteinschlüsse, an denen sich die einfallende Lichtstrahlung reflektiert. Ein besonders schönes Beispiel dafür ist die Seerose *Nymphaea alba*. Sie gehört bei uns in Brandenburg zum Inventar vieler Seen und erstrahlt schon aus der Ferne wie von einem Maler aufs Wasser getupft. Was ist das Geheimnis der Seerose für ein strahlendes Weiß, bei dem selbst Meister Proper vor Neid erblasst? Neben den fehlenden Farbstoffen besitzt das wasserhaltige Blütengewebe der Seerose ebensolche Lufteinschlüsse. Fällt Licht auf das Gewebe, muss es durch all diese Luft-Wasser-Schichten hindurch und wird auf seinem Weg immer und immer wieder gebrochen. Diese Brechung geschieht so oft, bis das eingefallene Licht komplett reflektiert wurde: Die Blüte erscheint weiß. Dieses Phänomen der kompletten Lichtreflexion begegnet uns Menschen auch in einer Schneelandschaft. Der frisch gefallene Schnee leuchtet deswegen so hell, weil die Schneekristalle das einfallende Licht sehr oft brechen. Das Ergebnis dieser Lichtbrechung ist die vollständige Reflektion des Lichtes. Die Beschaffenheit der Oberfläche sorgt auch bei Tieren für einen beeindruckenden »Bling-Bling-Effekt«. Winzige Strukturen auf den Vogelfedern des Pfaus oder der Oberfläche des Mistkäfers brechen das Licht auf ganz besondere Art und Weise und bringen diese so zum Schimmern.

Licht an – Licht aus: die Biolumineszenz

Wie sieht es eigentlich mit dem Senden optischer Informationen aus, wenn es kein oder nur wenig Licht im Lebensraum gibt? Viele Tiefsee und Höhlen bewohnende Lebewesen werden in der Dunkelheit kurzerhand selbst zur Lichtquelle. In den neuseeländischen Waitomo-Glühwürmchen-Höhlen wurde ich Zeuge einer ganz besonderen Form der tierischen Kommunikation: der Biolumineszenz. Die Biolumineszenz ist die Fähigkeit eines Lebewesens, mithilfe chemischer Reaktionen Energie freizusetzen und diese Energie in Form von Licht auszusenden. Von Einzellern über Pilze bis hin zu Fischen gibt es zahlreiche Vertreter, die zur Biolumineszenz in der Lage sind und wie bei einem Schalter Licht schnell an- und ausschalten können. Jedoch helfen einige von ihnen, wie beispielsweise die Tiefsee-Anglerfische, dem magischen Leuchten nach. Sie sind selbst nicht in der Lage, die nötigen chemischen Reaktionen durchzuführen, und halten sich stattdessen biolumineszierende Bakterien als Untermieter. Keinen Untermieter hingegen brauchen die leuchtenden Wesen in den eingangs erwähnten Waitomo-Höhlen. Anders, als der Name erwarten lässt, handelt es sich hierbei nicht um heimische Insektenarten, die wir in unserer Gegend gemeinhin als Glühwürmchen bezeichnen. Es ist der Schein vieler Larven der Langhornmücken, *Arachnocampa luminosa*, der die stockfinstere Höhlendecke wie einen Sternenhimmel erstrahlen lässt.

Das Orchester der Natur

Keckern, Knacken, Knurren – kommen wir nun von den optischen zu den akustischen Informationen. Die Erzeugung von Lauten in der Natur lässt sich gut mit der Tonerzeugung von Instrumenten vergleichen. Wie beispielsweise bei einem Orchester entstehen auch in der Natur Töne, indem Lebewesen verschiedene Materialien zum Schwingen bringen. Von »Geigern« über »Trommler« bis hin zu »Bläsern« ist alles dabei – doch hören Sie selbst!

Akustische Informationen – die Langstreckenläufer unter den Signalen

Der Vorteil akustischer Signale ist, dass der Sender den Empfänger für den Austausch von Informationen nicht sehen muss. So können einige Lebewesen derart laute Rufe aussenden, dass diese noch mehrere Kilometer in der Umgebung zu hören sind. Ein schönes Beispiel dafür sind die Rufe männlicher Brüllaffen. Sie machen ihrem Namen alle Ehre, denn sie können mithilfe eines besonders großen Kehlkopfes und eines speziellen Knochens unter der Zunge Rufe erzeugen, die mehrere Kilometer weit durch den Dschungel hallen. Wie beeindruckend diese »Brüller« sind, konnte ich während meiner Feldarbeit in Mexiko mit eigenen Ohren hören. Der Nachteil dieser Art der Kommunikation ist jedoch der hohe Energieaufwand. Jeder, der am Tag oft und viel seine Stimme benutzt, weiß, wie anstrengend das Senden akustischer Informationen sein kann. Meist bedarf es der Kontraktion von Muskeln zur Lauterzeugung, beispielsweise der Stimmbänder. Die dafür nötige Energie muss ein Sender erst einmal aufbringen. Laute Töne zu spucken ist auch nicht gerade ungefährlich – insbesondere, wenn der Sender in der Nahrungskette ganz weit vorn steht und somit eine beliebte Nahrungsquelle für viele andere Lebewesen darstellt. Der ein oder andere Räuber wartet nur darauf, dass seine Beute durch allzu intensives Senden akustischer Informationen seinen Standort verrät. Ein weiterer Nachteil dieser Art der Kommunikation ist ihre kurze Lebensdauer. Kaum gesendet, verklingt ein Warn- oder Paarungsruf auch schnell wieder. Ein Brüllaffen-Weibchen kommt vielleicht erst dann in die Gegend, wenn das akustische Signal mit der Information »paarungswilliges Brüllaffen-Männchen« schon wieder verhallt ist. Eine entscheidende Frage bei der Übertragung akustischer Informationen ist somit, wo sich eigentlich der Sender und der Empfänger aufhalten. Mit zunehmender Distanz zwischen beiden nimmt auch die Zeitverzögerung zu und somit die Wahrscheinlichkeit, dass es zu Störungen in der Kommunikation kommt. Vor allem hohe Töne, wie sie Vögel bei ihrem morgendlichen Konzert nutzen, verschwinden schnell in der Geräuschkulisse der Umgebung. Ihre kurze Lebensdauer macht akustische Informationen jedoch auch zu einem sehr variablen Kommunikationsmittel, das für die unterschiedlichsten Situationen einsetzbar ist. Galt ein Ruf eben noch der Anlockung eines Weibchens, kann die nächste Abfolge von Lauten der Abwehr eines Feindes dienen. Unter den Vögeln und vielen Säugetieren, wie beispielsweise den Walfischen, zeigt sich die große Vielfalt akustischer Signale in Form von ganzen »Liedern« mit einzelnen Versen, Strophen und Melodien.

Warum es im All nicht knallt

Kommen wir nun zu der Frage, was akustische Informationen eigentlich sind und wie sie vom Sender zum Empfänger gelangen. Dafür möchte ich Sie auf einen kurzen Ausflug in die Filmgeschichte mitnehmen: Im ersten Film der Science-Fiction-Reihe *Star Wars* explodiert mit viel Getöse eine Raumstation mitten im All. Zunächst denkt sich der Zuschauer vielleicht nicht so viel bei dieser Szene. Das mag sich ändern, wenn er oder sie folgende physikalische Überlegung anstellt: Schall ist eine mechanische Schwingung, die sich wellenartig in einem elastischen Medium wie Luft, Wasser oder sogar einem festen Körper ausbreitet. Im Gegensatz zu Licht ist Schall somit keine elektromagnetische Energieform, sondern das Resultat von ins Schwingen geratenen Masseteilchen. Diese müssen nicht zwangsläufig »fest« sein. Als Schallquelle kommen auch Gase oder Flüssigkeiten, wie beispielsweise Wasser, infrage. Obwohl ein Angriff auf eine Raumstation mit ausreichender Feuerkraft durch Laserwaffen diese sicher ins Schwingen bringen könnte, fehlt ein wichtiger Aspekt in der Filmszene: Die mechanischen Schwingungen verursachen Änderungen im Druck und in der Dichte der Umgebung, in der sich das schwingende »Etwas« befindet. Erst durch das Vorhandensein eines Mediums können sich die Schwingungen als Schallwellen weiter ausbreiten. Im Weltraum herrscht jedoch ein Vakuum, und somit fehlt hier das nötige

Medium, in dem sich die Schwingungen als Schallwellen verbreiten können. Denken wir zurück an das Sender-Empfänger-Modell, ist das fehlende Medium im All gleichzeitig der Grund dafür, dass es keinen Kanal für die Übertragung akustischer Informationen gibt.

Die Kunst, den richtigen Ton zu treffen

Reden wir Menschen von Schall, meinen wir damit alle für uns hörbaren Töne, Klänge oder Geräusche. So können wir Schallquellen wahrnehmen, deren Wellen im Bereich von 16 bis 20 000 Hertz liegen. Was genau bedeutet das? Die Einheit Hertz (Hz) steht für die Anzahl der Schwingungen in einer Sekunde, die sogenannte Frequenz. Zupfen wir beispielsweise die Seite einer Gitarre an, beginnt diese hin- und herzuschwingen. Je schneller die Seite schwingt, desto mehr Schwingungen gibt es pro Sekunde und desto höher ist der entstehende Ton. Von einem Ton wiederum sprechen wir, wenn sich das Hin- und Herschwingen der Schallquelle ganz gleichmäßig und periodisch wiederholt.

Die obere und untere Grenze des für uns hörbaren Schalls ist jedoch noch nicht das Ende der Fahnenstange. So gibt es Schallquellen, die Schwingungen im Infraschall und somit unter 16 Hertz aussenden. Im Gegensatz dazu schließt sich an unserer oberen Hörgrenze der Ultraschall mit mehr als 20 000 Hertz an. Diese extrem hohen Töne können beispielsweise Fledermäuse erzeugen und wahrnehmen. Ist die Tonhöhe durch die Anzahl der Schwingungen bestimmt, so bezieht sich die Lautstärke auf die Größe der Schwingung – die Amplitude. Je weiter die Auslenkung der Schwingung ist, desto lauter ist auch der Ton. Wie schnell sich die Schallwellen ausbreiten, hängt von den Eigenschaften des Mediums ab, zum Beispiel dessen Temperatur oder Dichte. Rasen die Schallwellen mit 3800 Metern pro Sekunde durch das Holz einer Buche, so bremst Wasser ihre Geschwindigkeit auf 1450 Meter pro Sekunde und Luft bei 0 Grad Celsius sogar auf 332 Meter pro Sekunde ab. Angaben in Dezibel (dB) hingegen verdeutlichen die unterschiedlichen Stärken, mit denen ein Schallereignis auf seine Umgebung trifft. Nun aber genug der Theorie. Lassen Sie uns eintauchen in eine Klangsymphonie, wie sie nur die Natur selbst komponieren kann. Schade nur, dass wir große Teile davon nicht mit unseren eigenen Ohren hören können!

Warum es an den Wurzeln der Pflanzen »Klick« macht

Mechanische Schwingungen erzeugen bereits die Bewegungen einzelner Bestandteile einer Zelle. Befinden sich viele »beschwingte« Zellen auf einer Wellenlänge und somit in Resonanz zueinander, können sie wie bei einem Chor gemeinsam eine größere Lautstärke erzeugen als allein. Bereits Einzeller wie Bakterien nutzen akustische Wellen, um das Wachstum von Nachbarzellen anzuregen. Ob die von Lebewesen ausgehenden Geräusche tatsächlich der Kommunikation dienen oder vielleicht nur ein Nebenprodukt alltäglicher biologischer Vorgänge sind, stellt Wissenschaftler vor experimentelle Herausforderungen. So gibt es auch bei Pflanzen eine Vielzahl von Geräuschquellen, zum Beispiel in den Leitgefäßen für Wasser. Insbesondere bei Pflanzen, die gerade mit wenig Wasser auskommen müssen, befinden sich oftmals Luftblasen in diesen Gefäßen. Lösen sich diese Blasen, entstehen leise Knallgeräusche. Australische und italienische Wissenschaftler belauschten (und belauschen) die geheimnisvolle Welt der grünen Geschöpfe und suchten nach Beweisen dafür, dass auch Pflanzen aktiv akustische Informationen zur Kommunikation mit anderen Lebewesen senden. Tatsächlich wurden sie fündig und entdeckten an den Wurzeln junger Maispflanzen *(Zea mays)* Klickgeräusche, die in einem Frequenzbereich von 220 Hertz liegen. Diese 220 Hertz entsprechen exakt der Tonhöhe der Geräuschquellen, in deren Richtung sich Pflanzenwurzeln während des Wachstums orientieren. So ist schon seit Jahrzehnten bekannt, dass Pflanzen auf akustische Wellen verschiedener Tonhöhen reagieren. Nicht nur die Samen von Gurken *(Cucumis sativus)* und Reis *(Oryza sativa)* keimen besser, wenn sie mit Tonhöhen um 50 Hertz beschallt werden. Einmal zur kleinen Pflanze herangewachsen, reagierten auch die Wurzeln mit einem schnelleren Wachstum auf die 50-Hertz-Beschallung. Selbst Erbsenpflanzen *(Pisum sativum)* reagieren auf das Geräusch von fließendem Wasser. Sind die Klickgeräusche der Maispflanze nun ein Zufall oder echte Signale zur Kommunikation? Wir dürfen gespannt auf die weiteren Ergebnisse der Pflanzenflüsterer warten!

Insekten »fiedeln« mit ihren Beinen und Flügeln

Von den Pflanzen kommen wir nun zu den Tieren. Ähnlich wie in einem klassischen Orchester finden sich auch im Tierreich allerhand Instrumente, mit denen sich Töne erzeugen lassen. Das Prinzip ist dabei immer das Gleiche: Durch Draufhauen, Reinblasen oder Anzupfen geraten Membranen, Luftsäulen oder Seiten ins Schwingen, und es entsteht ein Ton. In der Natur werden akustische Informationen nach den gleichen Prinzipien gesendet – was beispielsweise für Geiger die Fiedel und der Geigenbogen sind, sind für viele Insekten ihre Beine und Flügel. So erzeugen Feldheuschrecken die für sie typischen Geräusche mithilfe ihres sogenannten Stridulationsorgans. Dieses Organ besteht wiederum aus einer Schrillkante und einer Schrillleiste. Die Schrillleiste liegt an der Innenseite der Hinterbeine und besitzt ähnlich wie eine Säge viele nebeneinander aufgereihte Zähnchen. Schrill ist auch der Ton in einer warmen Sommernacht, wenn die Schrillleiste auf die scharfe Schrillkante am Flügel der Heuschrecke trifft. Während bei den Feldheuschrecken sowohl Männchen als auch Weibchen auf diese Weise ihre Laute erzeugen, ist das »Fiedeln« bei den Grillen reine Männersache. Hier gibt es ebenfalls Schrillkante und Schrillleiste, allerdings befinden sich diese auf den flugunfähigen Vorderflügeln der Grille. Mit dem Stridulationsorgan erreichen Insekten Tonhöhen, die bis in den Ultraschallbereich gehen und somit eine Frequenz von 20 000 Hertz übersteigen. So schnell kann kein Geiger fiedeln! Es braucht jedoch kein Stridulationsorgan, damit Tiere Töne erzeugen können: Allein der Flügelschlag einer Biene, eines Käfers oder eines Vogels lässt Schallwellen entstehen. Die Flügel kleinster Mückenarten schlagen beispielsweise 1000 Mal pro Sekunde und treffen damit mitten in den Hörnerv von uns Menschen.

Frösche gehören zu den Bläsern

Nicht nur das Summen und Zirpen vieler Insekten erfüllt laue Sommernächte – auch das Quaken der Frösche schallt weit hörbar durch die Luft. Das Prinzip ist so einfach wie genial und passt wohl am besten in die Orchesterecke der Blasinstrumente. Physikalisch gesehen gerät bei einer Klarinette oder einem Fagott die Luftsäule durch die sich im Mundstück befindenden aneinanderliegenden Rohrblätter ins Schwingen. Die Stimmbänder vieler Wirbeltiere wie Vögel und Säugetiere haben eine ähnliche Aufgabe: Ein Schwall ausströmender Atemluft lässt diese elastischen Bänder vibrieren und versetzt das Medium Luft in Schwingung. Je angespannter die Bänder sind, desto schneller können sie schwingen, und desto höher ist auch der dadurch erzeugte Ton. Bei den im Verhältnis zu Vögeln oder Säugetieren viel kleineren Fröschen reicht das Schwingen der Stimmbänder allerdings noch nicht aus, um akustische Informationen weithin hörbar zu senden. Eine sackartige Schallblase am Kopf dient den Tieren als Verstärker und verleiht dem Froschruf die nötige Lautstärke.

Mit diesem Soundsystem ausgestattet, kann ein männlicher Wasser-, Teich- oder Seefrosch während der Paarungsrufe Lautstärken zwischen 65 bis 90 Dezibel erzeugen. Das kommt in etwa dem Schalldruck eines Presslufthammers gleich. Lautstark geht es auch in der nächsten Abteilung unseres Naturorchesters zu, denn wir kommen nun zu den Schlaginstrumenten.

Von trommelnden Spinnen und Wildkaninchen

Beginnen wir zunächst bei den Trommlern, die eine Membran zum Schwingen bringen und damit einen Ton erzeugen. Insekten wie Zikaden und einige Schmetterlinge besitzen Trommelorgane an ihren Hinterleibern, die aus sogenannten Schallplatten bestehen. Diese Schallplatten haben jedoch nichts mit der guten alten Vinylplatte zu tun, sondern sind aus dem natürlichen Stoff Chitin. Wie aber kann nun die Zikade mit so einer harten Schallplatte Töne erzeugen? Die Platten sind zwar mit harten, dafür aber beweglichen Streben vergittert. Sobald sich die danebenliegenden Muskeln an-

und entspannen, beginnen auch die Streben sich zu bewegen, und es entstehen Klickgeräusche. Unter dem Trommelorgan der Zikaden sitzt ein mit Luft gefüllter Sack, der die Laute weiter verstärkt. Die Trommelorgane funktionieren ein bisschen so, wie wenn wir kraft unserer Muskeln mit der Hand eine Blechdose eindrücken. Die so entstehende Delle im Blech schnellt unter einem lauten Knacken wieder zurück, sobald wir loslassen. Bei der Zikadenart *Platypleura capitata* können das bis zu 390 Klicks pro Sekunde sein.

Spinnen wissen sich auch ohne Trommelorgan zu helfen und nutzen einfach eines ihrer acht Beinchen, um den »Beat« auf den Boden unter ihnen zu schlagen. Vertreter der Riesenkrabbenspinnen nutzen beispielsweise ihren ganzen Körper, um Blätter unter sich zum Schwingen zu bringen und somit Laute zu erzeugen. Ganzen Körpereinsatz in Sachen akustischer Kommunikation zeigen auch Säugetiere wie das Wildkaninchen – sie sind sozusagen die Experten, wenn es um einen »Trommelwirbel« geht. Ist Gefahr im Verzug, beginnen die Tiere, mit ihren kräftigen Hinterbeinen auf den Boden zu schlagen. Die so entstehenden Schallwellen breiten sich bis tief in das Erdreich aus und sind ein Signal für Artgenossen, den sicheren Bau nicht zu verlassen. Klapperschlangen wären wohl ebenfalls am besten bei den Schlag- und Perkussionsinstrumenten aufgehoben. An ihrem Schwanzende befinden sich ineinandergesteckte harte Platten, die das namensgebende Geräusch erzeugen, sobald sie gegeneinanderreiben.

Namensgebend sind auch die erzeugten Töne der nächsten Musiker in unserem Naturorchester – der Knurrhähne. Anders, als der Name vermuten lässt, handelt es sich bei diesen Tieren nicht um schlecht gelaunte männliche Vögel, sondern um Fische. Vertreter dieser Fischfamilie leben am Meeresboden und erzeugen ihre knurrenden bis grunzenden Geräusche gleich durch mehrere »Instrumente«. So reiben diese Fische nicht nur ihre harten Kiemendeckel aneinander, sie spannen auch die Muskeln um ihre Schwimmblase an und pressen auf diese Weise Luft aus ihr heraus. Diese Luft wiederum erzeugt Schallwellen – ein Prinzip, wie es auch andere Fische zur Lauterzeugung nutzen. Die von Fischen produzierten Laute sind meist rhythmisch, und genau darin liegt auch ihr Informationsgehalt. So können die meisten Fische schlecht die Lautstärke unterscheiden, da sich akustische Schallwellen im Wasser in ihrer Geschwindigkeit und Ausbreitung anders verhalten als an Land.

Bleiben wir noch einen Moment unter Wasser, denn hier lebt wohl einer der lautesten »Musiker«, den die Natur zu bieten hat – oder sollte ich lieber »Revolverheld« sagen?

Der Knaller zum Schluss

Der »Big Claw Snapper Shrimp« *(Alpheus heterochaelis)*, also die Großscherige Schnappgarnele, auch kurz »Pistolengarnele« genannt, kommt in flachen tropischen und subtropischen Gewässern vor. Die zu den Krebstieren gehörende Garnele ist nur fünf Zentimeter lang, allerdings macht sie einen Radau unter Wasser, der mit bis zu 210 Dezibel auf einen Meter Abstand gemessen den akustischen Signalen der Pottwale in nichts nachsteht! Wie kann es sein, dass ein kleiner Krebs genauso viel Lärm erzeugt wie ein großer Wal? Das Geheimnis um so viel Sound steckt in der vergrößerten Schere der Garnele. Sowohl bei den Männchen als auch bei den Weibchen ist eine von beiden Scheren um ein Vielfaches größer und kann bis zu 2,5 Zentimeter lang werden. Die eine Hälfte dieser Riesenschere besitzt eine muldenartige Vertiefung, während die andere Hälfte in ihrer Form an einen Kolben erinnert. Mittels Anspannung kräftiger Muskeln bewegt sich die kolbenförmige Scherenhälfte seitwärts und stellt sich beim Öffnen unter starke Spannung. Diese Spannung ist so groß, dass beim Zurückschnappen des »Kolbens« in die »Mulde« ein extrem schneller Wasserstrahl sowie der für die Krebse typische Knall entsteht. Der in seiner Lautstärke mit der Zündung der NASA-Rakete zum Saturn vergleichbare Knall ist jedoch nicht auf das Aufeinanderknallen der harten Scheren zurückzuführen. Es braucht im wahrsten Sinne des Wortes mehr Dampf, um eine derartige Druckwelle unter Wasser zu erzeugen. So ändert sich als Folge des schnell fließenden Wassers in der Schere des Krebses der Druck, und es bildet sich eine Dampfblase, auch Kavitationsblase genannt. Die Pistolengarnele bringt mehr oder weniger das Salzwasser in ihrer Schere zum Verdampfen. Erst der Knall der Kavitationsblase bei nachlassendem Druck erzeugt den beeindruckenden Schalldruck von 210 Dezibel. Die Knalle dienen den Krebsen nicht nur, um Beutetiere wie Würmer oder kleine Fische durch die entstehende Druckwelle zu zerfetzen. In den Scheren der Knallkrebse finden sich Haarsinneszellen, die den Druck des Wasserstrahls eines Artgenossen wahrnehmen können. Seine Knaller scheinen so etwas wie Warnschüsse für die Rivalen zu sein, denn die kleinen Krebse sind in der Verteidigung ihrer Territorien nicht zimperlich. Eine schnippende Schere direkt auf dem Panzer des Rivalen kann fatale Folgen haben!

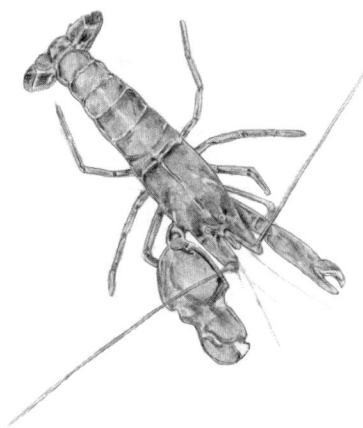

Die zu den Krebsen gehörenden Pistolengarnelen *(Alpheus heterochaelis)* besitzen eine vergrößerte Schere, mit deren Hilfe sie laute Knallgeräusche unter Wasser erzeugen können.

Die Welt der Düfte

Betreten wir nun das Reich der chemischen Informationen und lernen damit die älteste Form der Kommunikation in der Natur kennen. In dieser faszinierenden Kommunikationswelt treffen wir auf Sekrete, Osmophoren und Latrinen und begegnen Lebewesen, die mit ihren chemischen Botenstoffen das Verhalten ihrer Artgenossen beeinflussen. So spannend diese Art der Informationen in der Natur auch sind: Wir wissen noch viel zu wenig darüber, wie Lebewesen gezielt chemische Signale zur Kommunikation nutzen – inklusive bei uns Menschen. Oder können Sie sich erklären, warum Sie in gewissen Situationen »die Nase so richtig voll«, »den richtigen Riecher« oder auch »die Nase vorn« hatten?

Chemische Informationen – die Ausdauernden unter den Signalen

Der Vorteil, mit chemischen Signalen zu kommunizieren, liegt in ihrer großen Reichweite. So eignen sich Düfte hervorragend, um Informationen über lange Distanzen weiterzugeben. Chemische Informationen sind im Vergleich zu akustischen günstiger in der Produktion und besitzen auch eine längere Lebensdauer. Wie bei einem Parfum »hängen« beispielsweise Duftstoffe noch Stunden nach dem Verlassen des Senders in der Luft. Sie sind allerdings nicht von der schnellsten Sorte und brauchen ihre Zeit, um vom Sender zum Empfänger zu gelangen. Je flüchtiger die chemischen Botenstoffe sind, desto schneller lassen sie sich vom Winde verwehen, und desto weiter können sie sich über Kanäle, wie beispielsweise die Luft oder das Wasser, ausbreiten. Tiere oder Pflanzen senden chemische Stoffe in Form von Sekreten aus, die sich in speziellen einzelnen Zellen oder ganzen Zellhaufen bilden – den Drüsen. Diese Drüsen können innerhalb des Körpers liegen und somit auch ihr Sekret nach innen abgeben. Auf der Körperoberfläche befindliche Drüsen wie beispielsweise die Drüsenhaare geben ihre Sekrete hingegen direkt in die Außenwelt ab. In Form von gasförmigen Duftstoffen, flüssigem Blütennektar oder festen Harzen dienen diese nach außen abgegebenen Sekrete als wichtige chemische Kommunikationsmittel. »Osmophor, öffne dich« könnten beispielsweise die magischen Worte lauten, um Blütenpflanzen wie den Orchideen oder den Aaronstabgewächsen ihren Duft zu entlocken. Die Osmophoren sind spezielle Drüsen in der oberen Zellschicht der Blüten, die wie kleine Parfumfläschchen kostbaren Blütenduft enthalten und diesen in die Umgebung entlassen. Einmal auf den Weg gebracht, sind die chemischen Signale auf der Suche nach einem passenden Empfänger, dessen Verhalten sie beeinflussen können. Handelt es sich um einen Kommunikationspartner derselben Tier- oder Pflanzenart, heißen die chemischen Botschaften *Pheromone*. Gehören Sender und Empfänger nicht zur selben Art, bekommen die gesendeten chemischen Informationen den Namen *Allelochemikalien*. Pflanzen senden beispielsweise mit ihrem Blütenduft Allelochemikalien aus, um Insekten für die Bestäubung anzulocken.

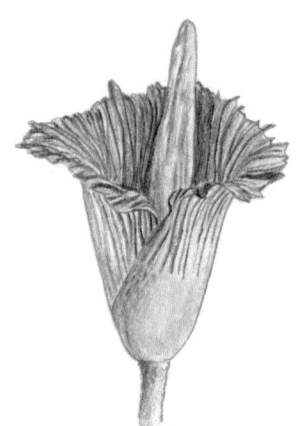

Die zu den Aaronstabgewächsen gehörende Titanenwurz *(Amorphophallus titanum)* besitzt spezielle Duftdrüsen in der oberen Zellschicht ihrer Blüten, die sogenannten Osmophoren.

Pheromone und die Kommunikation zwischen Artgenossen

Bleiben wir bei der Kommunikation zwischen Lebewesen der gleichen Art und somit den Pheromonen. Diese Duftstoffe für die Kommunikation zwischen eng verwandten Lebewesen nutzen bereits Einzeller. Das Wimperntierchen mit dem lateinischen Namen *Euplotes raikovi* ist zum Beispiel ein besonders mitteilsames Exemplar, denn es sendet mehr als fünf verschiedene Pheromonvarianten aus. Pheromone gibt es auch bei Pilzen und in Pflanzen – hier sind sie neben optischen Signalen *das* Kommunikationsmittel schlechthin. Das wohl bekannteste Pheromon bei Insekten ist das Bombykol. Es wird beispielsweise von weiblichen Seidenspinnern *(Bombyx mori)* gebildet, um selbst kilometerweit entfernte Männchen zur Paarung anzulocken. Das Bombykol ist so ergiebig, dass schon ein einzelnes Molekül ausreicht, um das Verhalten eines männlichen Seidenspinners zu beeinflussen.

Pheromone sind übrigens nicht zu verwechseln mit Hormonen, denn es gibt einen wichtigen Unterschied: Hormone sind im Gegensatz zu Pheromonen wichtige Botenstoffe *innerhalb* eines Lebewesens. So werden Geschlechtshormone wie Testosteron oder Östrogen nicht gebildet, um die Aufmerksamkeit eines Artgenossen in der Welt da draußen zu erregen. Diese chemischen Botenstoffe sind dafür zuständig, dass ein sich sexuell fortpflanzendes Lebewesen selbst in Paarungsstimmung kommt, bevor Pheromone losgeschickt werden, um einen geeigneten Sexualpartner anzulocken. Haben Sexualhormone ihren Job im tierischen Körper erfüllt, verlassen sie diesen über das Transportvehikel Kot und Urin. So begeben sie sich unabsichtlich auf Wanderschaft und übermitteln Informationen über ihren Besitzer in die Außenwelt.

Kommunikation mit Kot und Urin

Was wir Menschen möglichst schnell aus unserem Sichtfeld verbannen möchten und gedankenlos in die weiten Welten des Abwassersystems schicken, ist in der Natur für viele Lebewesen das Kommunikationsmittel Nummer eins: Kot und Urin. Als Abfallprodukte des Stoffwechsels sind flüssige und feste Exkremente die denkbar billigsten und »persönlichsten« Wege der Kommunikation, über die vor allem Säugetiere Informationen senden. Studien an Wildkaninchen oder Dachsen zeigten beispielsweise, dass sich in ihrem Kot und Urin Duftstoffe befinden, die individuelle Informationen über das Alter, das Geschlecht oder die Paarungsbereitschaft eines jeden Tieres enthalten. Schuld an diesem öffentlichen Datenskandal sind unter anderem die individuellen Duftstoffe, die sich in verschiedenen Drüsen bilden und dem Kot beziehungsweise Urin beigemischt werden. Farbe, Geruch und Menge der Hinterlassenschaften geben auch Hinweise auf den Gesundheitszustand ihres Eigentümers. Urin entsteht als Endprodukt während der Reinigung des Blutes durch die Nieren in einem Wirbeltier. Die Nieren befreien das Blut wie ein Filter von allem, was nicht im Körper verbleiben soll – dazu gehören beispielsweise alte Blutzellen oder Giftstoffe. Urin besteht also aus in Wasser gelösten Abfallprodukten des Körpers, die über kleine Harnkanäle aus der Niere in den Harnleiter transportiert und in der Blase gesammelt werden. Hat sich eine gewisse Menge Urin angesammelt, werden Drucksensoren aktiviert, die bei dem Tier ein dringendes Bedürfnis wecken. Die Nieren sind auch für einen ausgeglichenen Wasserhaushalt im Körper zuständig, und je nach Pegelstand verlässt ein mehr oder weniger wässriger Urin den Körper. Kot hingegen ist ein Endprodukt des Magen-Darm-Trakts und besteht unter anderem aus Zellen der Darmschleimhaut, ungenutzten Bestandteilen der Nahrung sowie Darmbakterien und deren Gärungs- und Fäulnisprodukten. Eine freie Fahrt auf der Autobahnroute von Leer über Essen nach Darmstadt und Pforzheim ohne Stau und übel riechende Abgase – sprich eine funktionierende Verdauung – ist auch bei uns Menschen ein Zeichen für körperliche Gesundheit.

Latrinen – ein »gutes Kommunikationsgeschäft«?

Für viele in Gruppen lebende Säugetiere wie Dachse, Kaninchen oder Affen spielen Kot und Urin als Kommunikationsmittel eine derart wichtige Rolle, dass sie nicht wahllos ihr Geschäft verrichten, wo sie gehen und stehen. Die wiederholte, regelmäßige Nutzung ein und desselben »Örtchens« durch Artgenossen führt über kurz oder lang zu »Kotbergen«. Diese Sammelplätze an Kot und Urin heißen Latrinen und haben aus kommunikationstechnischer Sicht zwei entscheidende Vorteile: Sie sind gut zu sehen, und in ihnen konzentrieren sich Duftstoffe anderer Artgenossen. So sind diese Örtchen in der Kommunikation vieler Säugetiere alles andere als still und übernehmen in etwa dieselbe Funktion wie soziale Medien bei uns Menschen. Europäische Wildkaninchen *(Oryctolagus cuniculus)* tauschen in der Gruppe zum Beispiel Informationen darüber aus, wer gerade auf der Suche nach einem Paarungspartner ist oder wer innerhalb der Gruppe das ranghöchste Männchen oder Weibchen ist. Sind die Hinterlassenschaften frisch, war der Vorgänger wohl erst vor Kurzem hier und befindet sich noch ganz in der Nähe. Die Verbindung von Optik und Geruch verstärkt die Aussagefähigkeit von Latrinen als Kommunikationsmedium weiter – je öfter eine Latrine genutzt wird, desto mehr Nachdruck wird beiden Faktoren verliehen. Vielleicht ist das ein kleiner Trost für alle, die zielsicher jeden Hundehaufen mitnehmen: Es könnte viel schlimmer sein! Gazellen oder Nashörner nutzen Latrinen, die mehrere Meter Durchmesser erreichen können.

Was haben Litfaßsäulen und Tier-Toiletten gemeinsam?

Sind wir Menschen eher darauf bedacht, unser Geschäft in der Natur an einem versteckten Ort zu verrichten, so suchen einige Tierarten wie Kaninchen, Dachse oder Meerkatzen für ihre Latrinen besonders auffällige Plätze aus. Ihre »Geschäftszentralen« liegen häufig an erhöhten und auffälligen Gegenständen in der Landschaft oder befinden sich an offenen Wegkreuzungen. Die gute Aussicht von einem erhöhten Platz aus ist wohl auch der Grund, warum das Sumpfkaninchen *(Sylvilagus aquaticus)* seine Latrinen auf Baumstämmen anlegt. Der Vorteil dieser auffälligen Plätze zur Anlage von Latrinen liegt in ihrer guten Sichtbarkeit. Damit Kommunikationszentralen funktionieren, müssen sie dort sein, wo sie auch von den Artgenossen gefunden werden können. Wir können uns Latrinen wie Litfaßsäulen in der Landschaft vorstellen, die strategisch günstig platziert werden müssen, um die zu sendenden Informationen an den Mann oder in diesem Fall an das Tier zu bringen. Die Frage »Wo ist die Toilette?« sollte sich also gar nicht erst stellen, sondern der Standort bereits offensichtlich sein.

Das nordamerikanische Katzenfrett *(Bassariscus astutus)* nutzt ganz besonders auffällige Plätze für sein stilles Örtchen. Dieses Tier ist in den öffentlichen Parks von Mexiko-Stadt ein oft gesehener Besucher, es legt seine Latrinen gut sichtbar auf blauen Wasserleitungen an. Anscheinend ist es nicht nur die auffällige blaue Farbe, die das Katzenfrett dazu verleitet, seine Latrinen auf den Leitungen abzulegen. Die erhöhten Rohre bieten den Tieren einen ruhigen Ort, an dem sie abseits des geschäftigen Treibens der mexikanischen Hauptstadt sicher ihr eigenes Geschäft verrichten können. Der Nachteil eines gut auffindbaren stillen Örtchens ist eben auch, dass es schnell zum »totenstillen Örtchen« werden kann. So birgt die Nutzung solcher öffentlichen Toiletten auch immer die Gefahr, dass sich beliebte Beutetiere wie Wildkaninchen ihren Fressfeinden auf dem Silbertablett präsentieren. Wildkaninchen wägen daher das Risiko der Latrinennutzung gegen das, von Räubern gefressen zu werden, ab: Ist die Gefahr hoch, durch Greifvögel oder Füchse erbeutet zu werden, legen die Tiere ihre Latrinen lieber in der Nähe schützender Vegetation beziehungsweise des eigenen Baus an.

2 Das Leben ist auf Empfang

Von Einzellern über Pflanzen bis hin zu Tieren sind alle Lebewesen mit »Empfangsstationen« ausgestattet. Erst mithilfe dieser sogenannten Rezeptoren sind Lebewesen in der Lage, die Eigenschaften ihres Lebensraumes als Informationen wahrzunehmen. Die Rezeptoren ermöglichen auch den Austausch von Informationen zwischen Lebewesen und somit die Biokommunikation. Während die Rezeptoren bei einfacher gebauten Organismen nur aus einer oder wenigen Zellen bestehen, setzen sich die Rezeptoren der Wirbeltiere aus mehreren Tausend Zellen zu ganzen Sinnesorganen zusammen und erbringen als Augen oder Ohren erstaunliche Leistungen in der Aufnahme von Informationen.

Ohne Rezeptoren keine Informationen

Rezeptoren nehmen Informationen aus den unterschiedlichsten Richtungen auf: Da gibt es die »nach innen« gerichteten Rezeptoren, die Informationen über interne Vorgänge innerhalb eines Lebewesens sammeln. Solche *Innenrezeptoren* reagieren zum Beispiel empfindlich auf Druck wie den des Wassers in den Zellen oder des Blutes in den Gefäßen. So ist es auch den Rezeptoren um unseren Magen oder die Blase zu verdanken, dass wir wissen, wann es Zeit ist, mit dem Essen aufzuhören oder auf die Toilette zu gehen. Geht es um die Aufnahme von Informationen aus der Umwelt und somit um die Kommunikation mit anderen Lebewesen, kommen die *Außenrezeptoren* zum Einsatz. Je mehr solcher Rezeptoren ein Lebewesen besitzt, desto detaillierter kann es seine Umgebung wahrnehmen. Bereits Lebewesen wie Bakterien, die nur aus einer einzigen Zelle bestehen, stehen auf diese Weise in direktem Kontakt mit ihrem Lebensraum. Ihre Rezeptoren befinden sich auf der Zelloberfläche und sind direkt in der Außenbegrenzung der Zelle integriert. Diese Außenrezeptoren reagieren bereits empfindlich auf Licht, Druck oder chemische Stoffe. Einzellige Lebewesen wie die Pantoffeltierchen sind ein schönes Beispiel dafür, wie bereits sehr einfach organisiertes Leben seine Umwelt wahrnimmt und mit ihr Informationen austauscht.

Die Pantoffeltierchen werden Sie an späterer Stelle des Buches noch genauer kennenlernen. Für den Moment genügt es uns zu wissen, dass es sich um einzellige Lebewesen handelt, die frei im Wasser leben und sich dort schnell in alle Richtungen bewegen können. Ihren Namen tragen diese Einzeller nicht umsonst: So erinnern Vertreter der Pantoffeltierchen wie beispielsweise das Geschwänzte Pantoffeltierchen *(Paramecium caudatum)* in seiner lang gestreckten ovalen Form tatsächlich an einen Pantoffel und ist im Vergleich zu den meisten anderen Einzellern als kleiner Punkt sogar mit dem bloßen Auge zu sehen. Kommt nun ein Nährstoff des Weges und dockt an den passenden Rezeptor auf der Zellaußenseite des Pantoffeltierchens an, kann sich der Einzeller dank dieser Information gezielt auf den Weg in Richtung der Futterquelle begeben. Im Gegensatz dazu kommt das Pantoffeltierchen schleunigst in seine Puschen, sobald es eine Gefahrensituation in seiner Umgebung wahrnimmt. So befinden sich im Wasser viele gelöste Stoffe, die den Pantoffeltierchen gar nicht gut bekommen – darunter auch Kohlenstoffdioxid in gewissen Konzentrationen. Rezeptoren für chemische Stoffe auf der Oberfläche des Einzellers binden nicht nur »Giftstoffe« – sie sind sogar in der Lage, chemische Informationen der Fressfeinde des Pantoffeltierchens wahrzunehmen. Als Reaktion auf solche Informationen werden biochemische Reaktionsketten mit dem Ziel in Gang gesetzt, dass sich der Einzeller schnell von der Gefahrenquelle wegbewegt.

Mithilfe von Rezeptoren für optische, chemische oder mechanische Informationen finden sich auch Pilze und Pflanzen in ihrer Umwelt zurecht und können mit anderen Lebewesen auf ihre ganz eigene Weise in Kontakt treten – dafür verlassen sie nicht einmal ihren Standort! Berühren sich beispielsweise die Wurzeln zweier Pflanzen, verursacht dieser Kontakt einen mechanischen Druck auf ihren Wurzeloberflächen. Die druckempfindlichen Rezeptoren der Wurzelzellen nehmen diese Berührungen wahr, und als Reaktion darauf wachsen Pflanzen kurzerhand in eine andere Richtung weiter, um sich nicht ins Wurzelgehege zu kommen.

Bei höherentwickelten Lebewesen, wie den Tieren inklusive uns Menschen, finden sich besonders viele Rezeptoren mit »gleichgesinnten« Zellen zusammen und bilden Sinnesorgane wie Augen oder Ohren aus, die sich in ihrer Leistungsstärke unterscheiden können. So besitzen Tiere auf die Kommunikation spezialisierte Zellen, die nicht nur zur Aufnahme von Informationen aus ihrer Umwelt dienen – diese Zellen senden auch Informationen innerhalb des Körpers hin und her.

Was haben Rezeptoren mit Staudämmen gemeinsam?

Denken wir an das Sender-Empfänger-Modell der Telekommunikation von Herrn Shannon und Herrn Weaver aus der Einleitung zurück, klingelt beim Empfänger das Telefon, sobald der Sender die richtige Nummer gewählt hat – vorausgesetzt, alle technischen Komponenten arbeiten einwandfrei und es ist nicht gerade besetzt. Die Rezeptoren einer Zelle zeigen es ebenfalls an, wenn eine passende Information eintrifft. Im Gegensatz zu einem Telefon klingeln die Rezeptoren natürlich nicht. Als Reaktion auf eintreffende Informationen ändert die Zelle mit dem Rezeptor ihr *Potenzial*. Das Wort »Potenzial« leitet sich vom Lateinischen *potentia* ab und bedeutet so viel wie Stärke oder Macht und steht für die Gesamtheit aller verfügbaren Mittel. Das Potenzial bietet sozusagen die Macht zur Veränderung der Rezeptorzelle, sobald eine passende Information ankommt.

Wir können uns das Ganze wie bei einer Stauanlage vorstellen, bei der sich auf beiden Seiten unterschiedlich viel Wasser befindet. Gäbe es da nicht die Staumauer, würde das Wasser mit all seiner Kraft von der angestauten Seite des Damms auf die andere Seite fließen. Wir Menschen nutzen Stauanlagen beispielsweise zur Energiegewinnung: Sobald das angestaute Wasser ungehindert fließen kann, wird seine Kraft frei – und somit sein angestautes Potenzial. So braucht es auch viel Energie, um das Wasser mithilfe eines Pumpwerks wieder erneut anzustauen.

Übertragen wir das Bild der Stauanlage nun auf einen Rezeptor in einem Lebewesen. Die Begrenzung der Zelle nach außen ist wie eine Staumauer: Sie lässt die Zellinnen- und die Zellaußenseite entstehen und ist für verschiedene Stoffe undurchlässig. Zwischen der Zellinnen- und Zellaußenseite befinden sich nicht nur unterschiedliche Mengen chemischer Stoffe. Auch geladene Teilchen trennt die Zellbegrenzung voneinander ab. Da gibt es Teilchen mit positiver Ladung und solche mit negativer Ladung – sozusagen die Optimisten und die Pessimisten. Diese Ladungen sind wie das Wasser im Staudamm und ebenfalls »angestaut«. Ist eine Rezeptorzelle gerade inaktiv und nicht damit beschäftigt, Informationen aufzunehmen, befinden sich die meisten »Optimisten« auf der Zellaußenseite des Empfängers. Die meisten »Pessimisten« hingegen befinden sich auf der Zellinnenseite. Entsprechend herrscht außen eine superpositive und innen eine pessimistisch-negative Stimmung. An der Zellmembran als Grenze zwischen Zellinnen- und Zellaußenseite gibt es Tore. Sind diese Tore in der Membran offen, können die geladenen Teilchen die Seiten wechseln. Wann aber öffnen sich die Tore? Sie können es sich vielleicht schon denken: Wenn das Telefon klingelt! Die Tore in der Zellmembran einer Rezeptorzelle öffnen sich, sobald eine passende Information ankommt. Nun können die elektrisch geladenen Teilchen auf die jeweils andere Seite strömen und dabei ihre positive beziehungsweise negative Ladung mitnehmen. Je mehr solcher passenden Informationen auf den Rezeptor treffen, desto stärker ändert sich auch das Potenzial zwischen Zellaußen- und Zellinnenseite. Jede lebende Zelle besitzt diese Art von Potenzial, doch nur erregbare Zellen wie die Nervenzellen der Tiere können die Änderung des Potenzials in Form von Aktionspotenzialen über lange Strecken weiterleiten.

Die Damen und Herren von der Empfangszentrale

Die meisten Tiere sind im Gegensatz zu Pilzen und Pflanzen viel auf Achse und verändern ihren Standort. Sie müssen sich schnell neu zurechtfinden und nehmen ständig Informationen aus ihrer Umwelt wahr. Sie kennen das vielleicht aus Ihrem Alltag: Sind Sie viel unterwegs, werden Ihre Sinnesorgane viel stärker mit Informationen geflutet, als wenn Sie gemütlich auf der heimischen Couch sitzen und sich kaum bewegen. Tiere besitzen daher ganz besondere Rezeptoren, die ihnen dabei helfen, der täglichen Datenflut Herr zu werden und aus ihr die wichtigsten Information zu filtern: die Nervenzellen.

Diese Zellen sind in ihrer Form und Funktion ganz und gar auf die Aufnahme, Verarbeitung und Weiterleitung von Informationen eingestellt. So befindet sich auf der einen Seite der Nervenzelle der »Posteingang«, denn hier kommen die Informationen an kleinen fingerförmigen Ausstülpungen der Zellmembran an, den *Dendriten*. Die ankommenden Informationen verändern auch das Potenzial über der Zellmembran. Je mehr Informationen ankommen, desto mehr Ladungsträger können ihren Platz wechseln. Sind die ankommenden Informationen bereits am Posteingang »unwichtig«, kommen sie erst gar nicht am »Postausgang« der Nervenzelle an. Dieser befindet sich auf der anderen Seite der Nervenzelle und ist ebenfalls eine Ausstülpung des Zellkörpers. Diese Ausstülpung ist jedoch viel länger als die Dendriten und trägt den Namen *Axon*. Das Axon können wir uns wie ein Telefonkabel vorstellen, das Informationen an den Posteingang einer anderen Zelle weiterleitet. An diesem Axon-Postausgang kann immer nur eine oder keine Information gesendet werden – mehr Ausdrucksmöglichkeiten hat die Nervenzelle nicht. Das Weiterleiten der Informationen durch das Axon funktioniert also in etwa wie unser Morsecode. In der Häufigkeit und im Abstand zwischen den elektrischen Signalen liegen die eigentlichen Informationen versteckt, nicht in der Stärke des Signals. Die Weiterleitung von Informationen erfolgt am Axon nur dann, wenn sich die Tore in dessen Zellmembran lange genug öffnen und fast alle Ladungsträger die Seite wechseln können. Die vollständige Änderung des Potenzials am Axon einer Nervenzelle heißt auch Aktionspotenzial. Hier herrscht nun »positive Stimmung« innerhalb der Zelle und »negative Stimmung« auf der Zellaußenseite, oder anders gesagt: Das Wasser ist nun nicht mehr angestaut, und sein volles Potenzial entfaltet sich. Das Öffnen der Tore hängt wiederum davon ab, wie viele wichtige Informationen im Posteingang an den Dendriten gelandet sind. So muss das Potenzial am Axon immer wieder neu hergestellt werden, damit es erneut für die Informationsweiterleitung zur Verfügung steht. Ähnlich wie bei unserer Stauanlage braucht es dafür ebenfalls energiebetriebene Pumpen. Auf diese Weise kann sich die elektrische Erregung entlang des Axons fortpflanzen. Das Ende des Axons liegt ganz dicht an den Dendriten einer anderen Nervenzelle an, und nur ein hauchdünner Spalt trennt die beiden Zellen voneinander. Chemische Botenstoffe übertragen nun die Informationen vom Ende des Axons über den Spalt zu den Dendriten der nächsten Nervenzelle. Je häufiger das Axon ein Morsezeichen sendet, desto mehr Botenstoffe machen sich auf den Weg, und desto mehr Ladungsträger können wieder den Platz an der Zellmembran der Dendriten wechseln.

Nervenzellen verbinden sich zu Nervensystemen

Nervenzellen sind mit anderen Nervenzellen zu Nervensystemen verschaltet, und klar – diese Nervensysteme informieren am Ende auch andere Zellen im Körper, indem sie mit ihnen direkt oder indirekt verschaltet sind. Zu diesen Zellen gehören auch solche, die einen Effekt im Lebewesen auslösen können, zum Beispiel in den Muskelzellen. Je nach Entwicklungsstufe eines Tieres unterscheidet sich die Anzahl der Nervenzellen und somit die Größe des Nervensystems. Hohltiere wie Nesseltiere im Meer sind beispielsweise sehr einfache Lebewesen mit nur wenigen einzelnen Nervenzellen. Ihre Nervenzellen sind zur einfachsten Form eines Nervensystems verbunden: dem Nervennetz. Bei vielen Wirbellosen wie den Schnecken, Insekten oder Spinnen gibt es bereits eine Ansammlung von Nervenzellen am Kopf und am Bauch. Solche Ansammlungen an

Nervenzellen im Kopfbereich braucht es auch, um riechen, sehen und hören zu können. Dort, wo sich am meisten Nervenzellen ansammeln, befindet sich die Zentrale des Nervensystems. Bei den Wirbeltieren liegen die Zentralen Gehirn und Rückenmark sicher geschützt im Schädel beziehungsweise in der Wirbelsäule. Die Empfangssysteme für Informationen auf der Oberfläche eines Lebewesens, die Rezeptoren, können also selbst nicht hören, sehen oder riechen. Sie »übersetzen« nur die verschiedenen Informationen in eine einheitliche Sprache und leiten diese dann weiter. Erst das Gehirn kann alle ankommenden Informationen aus den verschiedenen Rezeptoren miteinander in Beziehung setzen, sie mit Erinnerungen vergleichen und wenn nötig passende Verhaltensreaktionen einleiten. Im Zentrum des recht jungen Forschungsgebiets der Pflanzenneurobiologie steht die Frage, ob Pflanzen tatsächlich keine Nervenzellen haben und somit auch keine Voraussetzungen für ein Gehirn. Das Vorhandensein elektrischer Signale oder chemischer Botenstoffe wie Dopamin oder Serotonin gibt jedoch Hinweise darauf, dass sich weitaus mehr in den grünen Geschöpfen abspielt als lange angenommen – auch ohne das Vorhandensein eines echten Gehirns.

Wer hat, der kann oder: Warum der Höhlenfisch kaum noch sehen kann

Das Ziel des Lebens ist es, am Leben zu bleiben, und so geht es auch in der Kommunikation um Leben und Tod. Will nun ein Lebewesen mit einem anderen Lebewesen kommunizieren, müssen beide miteinander in Resonanz gehen – sprich, die »gleiche« Sprache sprechen. Der Sender muss sicher sein, dass der Empfänger auch die passende Hard- und Software für die gesendeten Informationen besitzt. Anders gesagt: Wollen Sie jemanden anrufen, brauchen Sie die Nummer des Empfängers und dieser wiederum ein Telefon. Mit dem folgenden Beispiel des Höhlenfisches möchte ich Ihnen zeigen, wie sehr der Lebensraum darüber entscheidet, ob es »einen Anschluss unter dieser Nummer« gibt oder eben nicht.

Den Atlantikkärpfling *Poecilia mexicana* habe ich Ihnen bereits als eines meiner Studienobjekte im mexikanischen Dschungel vorgestellt. Diese Fischart kommt sowohl außerhalb der Höhle unter Tageslichtbedingungen als auch in der dunkelsten Höhlenkammer vor. Die Männchen des Atlantikkärpflings außerhalb der Höhle erfreuen sich einer ausgeprägten Orangefärbung ihrer Flossen und sind so leicht von den weniger gefärbten Weibchen zu unterscheiden. Den Artgenossen in der Höhle fehlt diese Färbung, und es bewahrheitet sich das Sprichwort »Nachts sind alle Katzen grau«. Zusätzlich zur fehlenden Färbung haben sich auch die Augen des »Höhlenkärpflings« stark zurückgebildet und sind somit in ihrer Funktion eingeschränkt. Seine blasse Färbung und die reduzierten Augen lassen den Höhlenfisch wie ein Geist wirken, der die unterirdischen Hallen bewacht. Er ist ein eindrückliches Beispiel dafür, wie ökonomisch es in der Natur zugeht: Was nicht gebraucht wird, wird erst gar nicht produziert oder – wenn sich die Umstände ändern – wegrationalisiert. Warum Zeit und Energie in die Ausbildung von Augen investieren, wenn der Kanal »sichtbares Licht« sowieso nicht für die Kommunikation genutzt werden kann? Es macht schließlich auch keinen Sinn, sich ein teures Telefon zu kaufen, wenn es an unserem Wohnort gar keinen Empfang gibt.

Die Höhlenform des Atlantikkärpflings *(Poecilia mexicana)* lebt mit reduzierten Augen in der Dunkelheit mexikanischer Kalksteinhöhlen.

Schau mir in die Augen, Kleines

In dem Film *Casablanca* haucht Humphrey Bogart seiner Angebeteten Ingrid Bergman den berühmten Satz »Schau mir in die Augen, Kleines« ins Ohr. Wäre Herr Bogart ein pedantischer Biologe ohne Sinn für Romantik gewesen, hätte er wohl eher die Worte »Schau mir in meine Lichtsinnesorgane, Kleines« gewählt. Ich bezweifle, dass diese Aufforderung denselben romantischen Effekt auf Ingrid Bergman gehabt hätte. So sind die Augen der Tiere Sinnesorgane für Licht, und ihr Herzstück sind die Lichtsinneszellen. Diese Sinneszellen sind besondere Nervenzellen mit der Fähigkeit, Licht über einen chemischen Farbstoff einzufangen. Ändert sich die Belichtung des Farbstoffs, so ändert sich auch das elektrische Potenzial der Sinneszelle. Reagiert der Farbstoff auf Licht im sichtbaren Bereich, dann heißen die Lichtsinneszellen *Fotorezeptoren*, also Lichtempfänger – doch sehen Sie am besten selbst!

Lichtsinneszellen fangen elektromagnetische Energie ein

»Der Wald hat Augen.« Diese Schlagzeile erregte neulich meine Aufmerksamkeit in der Bahn, und ich hatte sofort Szenen aus Fantasyromanen im Kopf, in denen Bäume Augen haben und wie wir Menschen sehen können. Meist legen solche Zauberbäume zudem eine für sie untypische Lust an Bewegung an den Tag und verlassen den Wald, um ihre Umgebung zu erkunden. Ich las weiter und stoppte bereits nach drei Zeilen: In dem Artikel ging es nicht um Bäume, die mit offenen Augen durch die Weltgeschichte wandern. Es handelte sich vielmehr um einen Bericht über Jäger, die immer öfter Wildkameras im Wald aufstellten und sich so einen Schnappschuss von Fuchs, Wildschwein oder sogar Wildkatze erhofften. Es sind also nicht die Bäume, von denen wir uns beim Waldspaziergang beobachtet fühlen müssen – oder vielleicht doch?

In gewisser Weise sind Pflanzen in Sachen »Sehen« ganz vorn mit dabei, schließlich besitzen sie viele Rezeptoren für einfallendes Licht. Mit den vorhandenen chemischen Farbstoffen in Blättern oder Blüten fangen sie eine große Bandbreite der elektromagnetischen Energie ein. Die Blätter sind deswegen grün, weil die darin liegenden Farbstoffe den roten und blauen Bereich des sichtbaren Lichts absorbieren, nicht jedoch den Wellenlängenbereich für Grün. Pflanzen können mithilfe ihrer Lichtsinneszellen in den Blättern an Ort und Stelle auf die aufgenommenen Informationen reagieren. Diese Rezeptoren messen anhand der einfallenden elektromagnetischen Strahlung die Anzahl der Sonnenstunden oder die Uhrzeit. So ändert sich beispielsweise der Anteil des roten und blauen Lichts im Verlauf des Tages. Steht die Sonne am Morgen und Abend tief am Himmel, trifft besonders viel rotes Licht auf die Erde. Der Anteil des blauen Lichts hingegen ist am größten zur Mittagszeit, wenn die Sonne ihren höchsten Punkt erreicht hat und ihre Strahlen senkrecht zur Erde stehen. Trifft viel von dem blauen Licht auf die Empfänger der Pflanzen, erfolgt als Reaktion eine Abschirmung vom Licht durch das Wegdrehen der Blätter. Die Frage nach Blühen oder Nicht-Blühen wird ebenfalls über die einfallende Sonnenstrahlung entschieden. Sogenannte Langtagspflanzen wie der Waldtabak *(Nicotiana sylvestris)* blühen beispielsweise nur, wenn die Tageslänge mehr als elf Stunden beträgt. Viele im Wasser lebende Einzeller wie beispielsweise Vertreter aus der Gruppe *Euglena* betreiben ebenfalls Fotosynthese. Sie besitzen einen roten Farbstoff auf der Oberfläche und können sich mit diesem »Augenfleck« sogar gezielt in Richtung des Lichts bewegen.

Einfacher gebaute Tiere, wie beispielsweise Würmer, besitzen nur wenige Lichtsinneszellen an einer Stelle und können lediglich erkennen, aus welcher Richtung das Licht kommt und wie intensiv es ist. Die Auswertung der aufgenommenen Informationen vieler Lichtsinneszellen im Gehirn höherentwickelter Tiere ermöglicht erst die Abbildung der eigenen Umgebung. Insbesondere an Land lebende Wirbeltiere inklusive uns Menschen brauchen jedoch eine gute Vorstellung davon, wie ihre Umgebung eigentlich aussieht. Welche Form und Farbe haben andere Lebewesen, wohin und wie schnell bewegen sie sich? Leistungsfähige Augen bestehen daher aus sehr vielen Lichtsinneszellen und sind echte Organe, die aus verschiedenen Geweben aufgebaut sind. Dazu gehört auch eine Linse, die das einfallende Licht auf die Lichtsinneszellen bündelt.

Pigment, Becher und Zelle – fertig ist das Plattwurmauge

Wie ein tierisches Lebewesen seine Umwelt sieht, hängt von vielen Faktoren ab. Die Lage der Lichtsinneszellen und ihre Anzahl sind dabei wichtige Stellschrauben und an den jeweiligen Lebensraum des Tieres angepasst. Die zu den Plattwürmern gehörenden Strudelwürmer müssen sich in ihrem Lebensraum Wasser gut zurechtfinden, denn sie sind ein beliebter Imbiss für den ein oder anderen vorbeischwimmenden Räuber. So besitzen die Strudelwürmer wie beispielsweise der Gefleckte Strudelwurm *(Dugesia tigrina)* bereits ein sehr einfaches Augenmodell: den Pigmentbecherocellus.

Der Begriff sagt eigentlich schon alles darüber aus, wie dieser Lichtrezeptor aufgebaut ist. Es gibt ein Pigment, einen Becher und Zellen *(cellus)*. Das Pigment kleidet wie eine schwarze Decke eine becherförmige Zellschicht aus, in der wiederum die Lichtsinneszellen liegen. Ausgenommen eine kleine Öffnung schirmt das Pigment Licht von diesen Lichtrezeptoren ab. Wozu die Abschirmung, wenn die Lichtsinneszellen doch dafür da sind, die optischen Informationen einzufangen? An dieser Stelle kommt die kleine Öffnung ins Spiel, die das Pigment ausspart. Auf dem einen Auge ist diese Öffnung links vorne am Kopf des Strudelwurms, auf dem anderen Auge ist die Öffnung rechts vorne. Die Lichtsinneszellen leiten die Informationen über den Winkel und die Stärke des Lichteinfalls an die Ansammlung von Nervenzellen im Kopf des Wurms weiter. Diese Nervenzellen wiederum geben so lange den Impuls »Kopf drehen«, bis der Lichteinfall auf beiden Augen gleich niedrig ist. Nicht im Rampenlicht zu stehen und sich vom Licht wegzubewegen ist für den kleinen Strudelwurm lebenswichtig. So findet er besonders guten Schutz vor Räubern in den dunklen Ecken seines Lebensraums wie zum Beispiel unter Steinen.

Apropos dunkle Ecken: Kennen Sie das? Sie wachen mitten in der Nacht auf, laufen schlaftrunken ins Bad, schalten das Licht ein, und zack – da huscht ein kleines silbriges Etwas in den Abfluss.

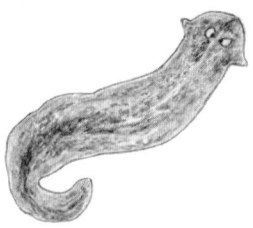

Strudelwürmer wie der Gefleckte Strudelwurm
(Dugesia tigrina) nutzen bereits ein sehr einfaches
Augenmodell: den Pigmentbecherocellus.

Insekten und Krebse sehen durch viele Facetten

Was nachts gern an feuchten Orten um die »Scheiß«-Häuser zieht,
sind nicht nur Silberfische, sondern allerhand andere Vertreter der
zu den wirbellosen Tieren gehörenden Insekten. Sie besitzen einen
Kopf mit Sinnesorganen und Mundwerkzeugen, eine Brust mit
drei Beinpaaren sowie einen Hinterleib mit den Verdauungs- und
Fortpflanzungsorganen. Unsere Aufmerksamkeit gilt zunächst dem
Insektenkopf, denn hier finden sich die Augen mit den Lichtsinneszellen.

Das Thema »Sehen« ist bei den meisten Gliederfüßern wie den
Insekten und Krebsen eine komplexe Sache. Komplex deswegen,
weil sich ihre Augen aus vielen Tausenden Einzelaugen zu einem
Komplexauge, oder auch Facettenauge genannt, zusammensetzen.
Das Einzelauge trägt den Namen *Ommatidium*. Es ist unbeweglich
und nimmt immer nur das einfallende Licht aus dem Winkel auf,
dem es zugewandt ist. Der nach außen zeigende Teil des Ommatidiums besitzt eine durchsichtige Linse, die das einfallende Licht
auf die darunterliegenden Lichtsinneszellen bündelt. In den Lichtsinneszellen wiederum befindet sich der lichtabsorbierende Farbstoff *Rhodopsin*. Der auch unter dem schönen Namen »Sehpurpur«
bekannte Farbstoff ist in der Natur ein universeller »Lichteinfän-
ger« und findet sich auch in den Augen der Wirbeltiere. Im Komplexauge der wirbellosen Gliederfüßer leitet das Axon am unteren

Ende des Ommatidiums die Informationen über die Belichtung des Rhodopsins an das Gehirn weiter. Jedes dieser Mini-Augen erfasst auf diese Weise immer nur einen Bildpunkt und somit eine einzelne Facette der Umgebung. Die Unterschiede im Lichteinfall auf die einzelnen Ommatidien werden im Gehirn der Gliederfüßer zu einem Mosaikbild zusammengesetzt. Dieses Mosaikbild ist aus unserer Sicht nicht besonders detailliert, dafür erneuert es sich bis zu 300-mal in der Sekunde und somit um ein sechsfaches häufiger als bei uns Menschen. Die Facettenaugen der Libellen sind besonders beeindruckend und nehmen bei einigen Arten mit mehreren Zehntausend Ommatidien pro Komplexauge fast den ganzen Kopf ein. Wie die meisten Insekten stehen auch Libellen auf der Speisekarte vieler Räuber ganz oben. Ihr Überleben hängt davon ab, ihre Fressfeinde schnell kommen zu sehen! Andererseits sind Libellen selbst exzellente Jäger und in der Lage, ihre Beute im Flug zu fangen. Wie sie das genau schaffen, haben sich Neurobiologen der Universität in Arizona an einem Vertreter der Segellibelle *(Plathemis lydia)* genauer angeschaut. Mit speziellen Markern auf dem Libellenkörper und einer Kamera, die 200 Bilder pro Sekunde aufnimmt, verfolgten die Wissenschaftler die Kopf- und Körperbewegung des Insekts während des Beuteflugs. Wie ein Kampfflieger ändert die Libelle kontinuierlich ihre Position, um das Ziel »Fliege« immer wieder in ihren schärfsten Sehbereich zu positionieren. So ins Visier genommen, richtet die Libelle ihren Körper gezielt auf die Flugbahn ihrer Beute aus und kann selbst auf schnelle Ausweichmanöver der Fliege reagieren. Die Fangschreckenkrebse sind ebenfalls geschickte Räuber und erreichen mit ihren 10 000 Ommatidien eine für Gliederfüßer erstaunliche Sehstärke. Facettenaugen ermöglichen ihren Besitzern zudem Licht in anderen Wellenlängenbereichen wie dem Ultraviolett- oder dem Infrarotbereich einzufangen. Insekten besitzen somit einen ganz anderen Blick auf die Welt, als wir Menschen ihn haben.

Grubenauge und Lochkameraauge

Weichtiere wie die Schnecken sind besonders interessant in Sachen Sehen, denn ihre vielen verschiedenen Vertreter besitzen auch die unterschiedlichsten Augenmodelle, wie sie im Laufe der Entwicklung entstanden sind. Die einfachste Augenversion findet sich beispielsweise bei Vertretern der Napfschnecken. Es handelt sich um Grubenaugen, die aus nichts weiter bestehen als einer Einbuchtung, in der sich die Lichtsinneszellen befinden. Ähnlich wie bei den Pigmentbecherzellen der Plattwürmer sind auch hier die Lichtrezeptoren von einem Pigment abgeschirmt. So ermöglicht das Grubenauge seinem Besitzer ebenfalls lediglich, die Richtung und Helligkeit der Lichtquelle zu bestimmen. Diese »Augengrube« ist das Ausgangsmodell, aus dem sich weitere Augentypen wie beispielsweise das Lochkameraauge oder das Linsenauge entwickelten. Im Fall des Lochkameraauges verkleinerte sich die Öffnung des Grubenauges, sodass nun weniger Licht auf die dahinterliegende Schicht mit den Lichtsinneszellen fällt. Auf dieser Schicht ist die Abbildung eines kleinen Bildausschnitts der Umgebung möglich. Das Lochkameraauge finden wir bei Vertretern der Gattung Nautilus, die zu den Kopffüßern und somit ebenfalls zu den Weichtieren gehören. Die meisten Vertreter dieser interessanten Wesen sind bereits ausgestorben, und wir kennen sie nur aus fossilen Fundstücken. Einige wenige kommen jedoch noch heute als »lebendes Fossil« im westlichen Pazifik sowie an einigen Stellen des Indischen Ozeans vor. Nautilus besitzt Fangarme am Kopf, wie sie für die Kopffüßer, auch allgemein Tintenfische genannt, typisch sind. Seine zwei Lochkameraaugen verleihen ihm genügend Sehkraft, um räuberisch zu leben und in seiner Umgebung nach Beute Ausschau zu halten. Den Beinamen »Perlboot« trägt Nautilus übrigens wegen seiner Schale aus Perlmutt, in die er sich bei Gefahr zurückzieht.

Das nächste Augenmodell ist ein schönes Beispiel dafür, wie sich in der Natur ein funktionierendes Prinzip – wenn auch in abgewandelter Form – bei unterschiedlichsten Lebewesen wiederfindet. Die Rede ist von den Linsenaugen, die mit einer Linse und einer schützenden Hornhaut über der Lichtöffnung ausgestattet sind.

Vertreter der Weichtiere zeigen eine besonders große Vielfalt
an Augentypen. Die zwei Blasenaugen der Weinbergschnecke
(Helix pomatia) sitzen an je einem ihrer Fühler.

Solche einzelnen Linsenaugen kommen ebenfalls bei wirbellosen
Tieren wie den Weichtieren vor und weisen erstaunliche Ähnlichkeit zu den Linsenaugen der Wirbeltiere auf.

Gebündelte Sehkraft dank Linsenauge

Im Gegensatz zum Komplexauge der Insekten gibt es beim Linsenauge nur noch eine einzige Linse, die das Licht auf die darunterliegenden Lichtsinneszellen bündelt. Das Licht fällt zunächst durch
eine Öffnung, die *Pupille.* Die Pupille ist das zentrale »schwarze
Loch« im Auge und umgeben von einem Muskelring – der *Iris.* Die
Iris entspricht in ihrer Aufgabe einer Kamerablende und kann
durch die An- und Entspannung der Muskeln die Größe der Pupille
regulieren.

Werfen wir einen genaueren Blick auf den Aufbau solcher Linsenaugen, zeigen sich jedoch entscheidende Unterschiede: Bei
einem wirbellosen Tier wie dem Tintenfisch bildet sich der »Augen-
becher« mit den Lichtsinneszellen aus einer Hautschicht auf der
Körperoberfläche. Hier liegen die Lichtrezeptoren gleich hinter
der Linse. Das Linsenauge der Wirbeltiere hingegen hat seinen Ursprung in einem Teil des Zwischenhirns. Das Licht muss hier zunächst durch viele Zellschichten wandern, bevor es die Lichtsinneszellen mit Namen *Zapfen* und *Stäbchen* erreicht. Einmal dort
angekommen, findet bereits eine erste Auswertung über das einfallende Licht statt. So nehmen Zapfen Farben wahr, während Stäb-

chen für die Helldunkelkontraste zuständig sind. In komplizierten Nervenverschaltungen senden die Lichtsinneszellen die eintreffenden Informationen über den Sehnerv weiter zum Sehzentrum des Gehirns. Hier nun erfolgt die Auswertung aller ankommenden Informationen beider Augen. Inbesondere höherentwickelte Tiere können auf diese Weise Muster erkennen und die Richtung von Bewegungen sehen. So ist das räumliche Sehen vor allem bei Baumbewohnern und Raubtieren ausgeprägt.

Eine gute Freundin von mir ist ebenfalls begeisterte Freilandbiologin und hat eine lange Zeit im indonesischen Dschungel zugebracht, um das Verhalten von sulawesischen Koboldmakis zu untersuchen. Die Koboldmakis gehören zu den Primaten und verdanken ihren Namen den im Verhältnis zum Körper riesigen Augen – ein Superlativ in der Natur! Mit ihnen können die Tiere auch noch das letzte bisschen Mondlicht einfangen und zielsicher durch die Baumwipfel des nächtlichen Urwalds springen.

Während viele Tiere Muskeln zum Drehen der Augen haben, müssen andere den ganzen Kopf bewegen. Eulen wie die Schleiereule *(Tyto alba)* können ihren Hals um 270° wenden und haben somit praktisch auch am Hinterkopf Augen. Eulen haben nicht nur den Rundumblick. Sie haben auch den für Vögel typischen verknöcherten Ring um ihre Augen. Diese Ring verbindet als eine Art Röhre die Linse mit den dahinter liegenden Hautschichten und verschafft der Eule einen 2,7-fach höheren Lichteinfall als bei uns Menschen. Mit diesen sogenannten Teleskopaugen kann die Schleiereule auch bei mondloser Nacht auf Beutejagd gehen.

In Sachen Nachtsicht sind auch Katzen wahre Meister. Sie haben eingebaute »Restlichtverstärker« im Auge mit dem Namen *Tapetum lucidum*, das bedeutet »Leuchtender Teppich«. Dieser »Teppich« ist eine zusätzliche Zellschicht, die dem Katzenauge hilft, Licht einzufangen. Der Leuchtteppich ist auch für das »dämonische« Glänzen der Katzenaugen verantwortlich, sobald Licht darauf trifft. Solche Restlichtverstärker haben übrigens auch Hunde und Pferde in ihren Augen.

Links: Eulen wie die Schleiereule *(Tyto alba)* besitzen keine beweglichen Augen, dafür können sie ihren Hals um 270° wenden. *Rechts:* Nachtaktive Räuber wie die Hauskatze *(Felis sylvestris catus)* besitzen eingebaute »Restlichtverstärker« im Auge mit dem Namen Tapetum lucidum. Diese zusätzliche Zellschicht hilft dabei, Licht einzufangen und somit die Nachtsicht zu verbessern.

Man höre und staune

Von den optischen Informationen kommen wir nun zu den akustischen Informationen und somit zu der Frage: Welche Rezeptoren braucht es, um Schall wahrzunehmen? Wie wir gelernt haben, ist Schall eine mechanische Schwingung, die den Druck des ihn umgebenden Mediums verändert, zum Beispiel von Luft oder Wasser. Auf der Empfängerseite braucht es also Rezeptoren, welche die mechanische Energie der Schwingung aufnehmen können und dadurch selbst ins Schwingen geraten. Für diesen Job des Mitschwingens sind Haare und haarähnliche Strukturen besonders gut geeignet. Sie sind in ihrer Form flexibel und können daher wie sich biegende Halme im Wind mit den Druckänderungen in ihrer Umgebung mitgehen. Resonanz ist somit auch hier wieder das Zauberwort!

Mechanische Rezeptoren reagieren auf Schall
Mithilfe von *Mechanorezeptoren* auf der Zelloberfläche können Lebewesen unterschiedliche Arten von mechanischen Kräften wahrnehmen: Dehnungs- und Druckkräfte sowie Biege- und Scherkräfte. Unter Scherkräften können wir uns Kräfte vorstellen, die Gegen-

stände oder Flüssigkeiten relativ gegeneinander verschieben. So können Druckänderungen auf der Oberfläche eines Lebewesens nicht nur durch akustische Wellen entstehen, sondern auch durch direkte Berührungen. Bereits einzellige Lebewesen wie Bakterien können solche Dehnungs- und Druckkräfte aus ihrer Umgebung wahrnehmen, zum Beispiel wenn sie gegen ein Hindernis stoßen. Pflanzen und Pilze haben ebenfalls Empfänger für mechanische Einwirkungen. Wie Sie später noch genauer sehen werden, können Pflanzen mittels dieser Empfänger sogar individuell auf Fressfeinde reagieren.

Je nach Art der Fressbewegung unterscheidet sich der mechanische Druck, den der Pflanzenfresser direkt auf die Zelloberfläche der Pflanze ausübt. Diese mechanischen Einflüsse ändern lokal das elektrische Potenzial des Rezeptors, und es kommt zu einem regelrechten Feuerwerk an chemischen Reaktionen. Damit nicht genug: Auch bei pflanzlichen Wurzeln finden sich Mechanorezeptoren, mit deren Hilfe die grünen Lebewesen sogar die Bewegung von Wasser im Boden wahrnehmen können. Was genau verbirgt sich aber hinter dem Begriff »Hören«, oder anders gefragt: Wenn ich zum Schreien in den Wald gehe, wer kriegt das eigentlich alles mit?

Wo keiner etwas sagt, da gibt es auch nichts zu hören

Hören ist mehr als nur das Mitschwingen von Schall durch Mechanorezeptoren, wie sie sich zum Beispiel im tierischen Ohr befinden. Diese Schwingungen müssen in elektrische Nervenimpulse übersetzt werden, damit sie an das Gehirn weitergeleitet und dort verarbeitet werden können. So ist ein fehlendes Gehirn mit »akustischer Abteilung« der Grund, warum Einzeller, Pflanzen, Pilze und einige einfach gebaute wirbellose Tiere nicht hören können. Es gilt das gleiche Prinzip wie beim Sehen: Das Geräusch entsteht nicht im Rezeptor selbst, sondern wird im Gehirn abgebildet, nachdem dort alle Informationen aus den jeweils zuständigen Rezeptoren eingetroffen sind. Vielleicht ist es Ihnen aufgefallen, dass nur wenige Wirbellose in unserem Tier-Orchester ein »Instrument spielen« und somit aktiv akustische Informationen senden können. In der Welt der Würmer oder Schnecken suchen wir Sinnesorgane für das

Hören vergebens – wo keiner etwas sagt, da gibt es auch nichts zu hören. Das bedeutet jedoch nicht, dass diese Lebewesen keine Schwingungen wahrnehmen und somit auf Druckveränderungen in ihrer Umgebung nicht reagieren können. Wir erinnern uns jedoch an die Spinnen und Insekten, die durchaus in der Lage sind, Töne zu erzeugen. So stellen insbesondere Insekten eine große Ausnahme in Sachen Hören dar, denn viele von ihnen sind sehr musikalisch unterwegs und erzeugen vielerlei Laute. Das würde keinen Sinn machen, wenn sie nicht auch in der Lage wären, akustische Informationen zu empfangen und zu verarbeiten.

Laubheuschrecken hören mit den Beinen

Gliederfüßer wie die Insekten können Schallwellen mithilfe ihrer Körperbehaarung oder ihrer Körperanhänge wie den Antennen wahrnehmen. Je nach Länge und Steifheit dieser einfachen »Empfangsstationen« schwingen die Mechanorezeptoren zu den unterschiedlichsten Wellenlängen mit. Viele Schmetterlings- und Mottenarten sind zum Beispiel in ihrer Körperbehaarung auf einer Wellenlänge mit den akustischen Informationen, die ihre Räuber aussenden. Männliche Mücken besitzen sogar einen akustischen Empfänger auf ihren Antennen, der nur auf die Schwingungen reagiert, die von den Flugbewegungen der Weibchen ausgehen!

Grillen und Laubheuschrecken sind in Sachen Hören vielen anderen Insekten um Beinlängen voraus, denn an ihren Vorderbeinen befindet sich das sogenannte *Tympanalorgan*. Es handelt sich dabei um eine Luftkammer, die mit einer Membran abgedeckt ist. Diese Membran funktioniert wie unser Trommelfell und schwingt mit, wenn es zu Druckveränderungen im äußeren Medium kommt. Ein Forscherteam der Universität Bristol löste im Jahr 2012 anhand der Heuschreckenart *Copiphora gorgonensis* ein weiteres Rätsel: Die Wissenschaftler fanden eine Struktur hinter dem Tympanalorgan, die in ihrem Aufbau eine verblüffende Ähnlichkeit mit dem Innenohr der Wirbeltiere hat. So befinden sich in diesem Organ ebenfalls die Mechanorezeptoren in Form von Haarsinneszellen auf einer Membran. Je nach Art können es nur eine, zwei oder aber bis zu

2000 solcher Sinneszellen sein. Mithilfe eines Lasers fanden die Forscher weiter heraus, dass nicht nur der Aufbau des Tympanalorgans einem Wirbeltier-Ohr verblüffend ähnlich ist. Auch die Funktionsweise ist dieselbe. Aufeinanderfolgende, hebelartige Strukturen leiten den Schall in ein Organ weiter, das mit Flüssigkeit gefüllt ist. So schwingen die Haarsinneszellen auf der Membran mit, sobald sich diese durch Schallwellen bewegt. Die Bewegungen der Haarsinneszellen werden dann in elektrische Nervenimpulse übersetzt und an das Insektengehirn geleitet. Das Tympanalorgan hat sich unabhängig bei verschiedenen Insekten entwickelt und kommt an den unterschiedlichsten Körperstellen vor, zum Beispiel an den Flügeln vieler Schmetterlinge.

Hammer, Amboss und Steigbügel – so funktioniert ein Säugetierohr

Die meisten Wirbeltiere besitzen ein flüssigkeitsgefülltes Innenohr mit einer Membran, auf der sich die haarähnlichen Hörsinneszellen befinden. Treffen die Schallwellen auf die Membran, kommt sie ins »Schwanken« – und mit ihr die daraufliegenden Rezeptoren. Die Stärke und Richtung dieser Schwankung wird direkt am anderen Ende der Sinneszelle in die Ausschüttung von Botenstoffen übersetzt und über weitere Nervenzellen an das Gehirn geleitet. Damit die Membran selbst bei sehr schwachen akustischen Wellen ins Schwanken gerät, müssen die ankommenden Schallwellen verstärkt werden. Dafür gibt es im Ohr viele Stationen, bestehend aus Muskeln, Knöchelchen oder Membranen, wie zum Beispiel dem Trommelfell.

Das Grundprinzip des Hörens ist fast überall gleich, jedoch unterscheiden sich die Ohren der Reptilien, Amphibien oder Vögel in ihrem Aufbau und somit in der Anzahl der »Verstärker« für die akustischen Informationen. So fehlt den Reptilien (die Krokodile ausgenommen), Amphibien und Fischen das äußere Ohr in Form einer Ohrmuschel. Während Säugetiere mit drei Knöchelchen und einem Trommelfell ausgestattet sind, besitzen Amphibien und Vögel nur ein Gehörknöchelchen. Einige Amphibien wie die

Schwanzlurche besitzen kein Trommelfell – sie haben stattdessen nur Muskeln und Haut. Die zu den Reptilien gehörenden Schlangen haben ebenfalls kein äußeres Ohr oder ein Trommelfell und nehmen Vibrationen über ihr Kiefergelenk wahr.

Verfolgen wir den Weg eines akustischen Signals am Beispiel des Säugetierohrs. Hören wir Menschen ein Geräusch, treffen zunächst die Druckänderungen auf den äußeren Teil unseres Ohres und somit auf die Ohrmuschel. Die Ohrmuschel funktioniert wie ein Trichter: Sie sammelt die akustischen Schwingungen aus der Umgebung ein und konzentriert sie auf eine kleinere Fläche. Diese Fläche ist das besagte Trommelfell und liegt an der Grenze zwischen Außen- und Mittelohr. Vom Trommelfell geht es für die akustischen Wellen weiter über die drei Gehörknöchelchen mit Namen »Hammer«, »Amboss« und »Steigbügel« des Mittelohrs. Der Hammer ist mit dem Trommelfell verbunden und überträgt die Schwingung auf den Amboss. Dieser wiederum steht in Verbindung mit dem Steigbügel – im Übrigen der kleinste Knochen eines Säugetieres. Der Steigbügel ist mit der Eintrittspforte der flüssigkeitsgefüllten Gehörschnecke im Innenohr, »ovales Fenster« genannt, verbunden. Der Weg vom Trommelfell bis zum ovalen Fenster hat die Schallwellen in ihrer Intensität im Vergleich zur Umgebung um das 15-Fache verstärkt – es wurde von einer größeren Fläche (das Trommelfell) auf eine kleinere Fläche (das ovale Fenster) übertragen. Druck ist Kraft pro Fläche, und weil nun die gleiche Kraft auf einer kleineren Fläche wirkt, hat sich auch der Druck der Schallwellen am ovalen Fenster erhöht. Dieser Druck ist nötig, um die mit Flüssigkeit gefüllte Gehörschnecke zum Schwingen zu bringen und somit die auf ihr liegenden Hörsinneszellen. Hier erfolgt die Übersetzung der mechanischen Informationen in elektrische Nervenimpulse, die wiederum über Nervenzellen an die »Hörabteilung« des Gehirns geleitet werden.

Erinnern wir uns an das Gedicht vom Anfang des Buches: *Zwei Hände, zwei Augen? Das alles macht Sinn!* So sind auch Ohren auf jeweils einer Körperseite bei Wirbeltieren eine sinnvolle Sache. Das zeitversetzte Eintreffen der akustischen Wellen zwischen den Ohren sowie Unterschiede in deren Lautstärke ermöglichen im Gehirn das räumliche Hören. Woher kommt das Geräusch, wie laut ist es, und wer ist der Sender der akustischen Informationen? Unterstützend für das räumliche Hören sind in alle Richtungen dreh- und faltbare Ohren. Die indonesischen Koboldmakis haben wir bereits kennengelernt. Neben ihren riesigen Augen verfügen diese Affen auch über große und besonders bewegliche Ohren, mit denen sie selbst das leiseste Geräusch zu orten vermögen. Wenn es dunkel wird, sperren die »Kobolde« ihre Lauscher weit auf und warten auf den verheißungsvollen Klang von Heuschrecken und Co.

Bleiben wir direkt im Regenwald und statten den Harlekinfröschen in Lateinamerika einen Besuch ab. Geht es um das Thema Hören und somit die Aufnahme von Schallwellen zeigen diese Amphibien ganzen Körpereinsatz!

Hören ohne Trommelfell – wenn Sound unter die Haut geht

Die im Regenwald Lateinamerikas lebenden Stummelfußfrösche – auch als Harlekinfrösche bekannt – versetzten Wissenschaftler der amerikanischen Ohio-State-Universität in Erstaunen. Unter diesen Harlekinfröschen gibt es sowohl Arten mit einem Trommelfell als auch Arten, denen dieser Schallverstärker fehlt. Die Harlekinfrösche sind somit bestens geeignet, um mehr über die Entwicklung der Hörfähigkeit bei Amphibien zu lernen. So spielten die Forscher ihren Testfröschen mit und ohne Trommelfell Rufe der eigenen Art vor. Gleichzeitig verfolgten sie den Weg der akustischen Signale durch die nur maximal 40 Millimeter großen und zwei Gramm schweren Froschkörper. Dazu registrierten die Wissenschaftler Schwingungen auf der Hautoberfläche an drei Messpunkten. Der erste Messpunkt befand sich direkt über den Lungen, der zweite seitlich am Kopf über dem inneren Ohr und der dritte auf halbem Weg zwischen Nasenlöchern und Augen. Bei allen Fröschen vibrierte der Bereich direkt über der Lunge als Reaktion auf die Schallwellen am stärksten. Die Froschhaut ist über dem Brustbereich sehr dünn und lässt sich somit einfach in Schwingungen versetzen. Erstaunlicherweise waren die Schwingungen besonders

In Sulawesi lebende Koboldmakis besitzen dreh- und
faltbare Ohren, mit denen sie die vielfältigen Geräusche
in ihrem Lebensraum »Dschungel« wahrnehmen können.

dann gut messbar, wenn die Testfrösche die Rufe ihrer eigenen Art
hörten. Das wäre in etwa so, als würden wir Menschen jedes Mal mit
dem ganzen Oberkörper erzittern, sobald jemand nach uns ruft. Besonders interessant an dieser Studie war allerdings, dass sich die weitere Ausbreitung der Schallwellen vom Brustbereich hin zum Ohr
zwischen den Arten unterschied: Bei den Fröschen mit Trommelfell
geriet die seitliche Kopfregion über dem Innenohr viel kräftiger ins
Schwingen, als es bei den Arten ohne Trommelfell der Fall war. Da
Frösche kein äußeres Ohr wie die Säugetiere haben, liegt ihr Trommelfell direkt auf dem Kopf und leitet die Schallwellen zum Innenohr mit den Haarsinneszellen weiter. Bei den Arten ohne Trommelfell hat sich anscheinend der Weg der Schallwellen über die Luft in
der Lunge bis hin zum Gehörknöchelchen als die bessere Variante
erwiesen. Dieser Umweg über die Lunge hat aber seinen Preis und
geht mit einem Verlust der Wahrnehmung hoher Töne einher. Das
hält die kleinen Harlekinfrösche jedoch nicht davon ab, mit den
eigenen Artgenossen über hohe Frequenzen bis zu 3780 Hertz zu
kommunizieren. Wie sie das ohne Trommelfell bewerkstelligen, ist
den Wissenschaftlern bisher noch ein Rätsel.

Warum Fische Steinchen im Ohr haben

Wir sehen es ihnen nicht an, doch auch Fische besitzen »echte« Ohren, mit denen sie hören können. Ihnen fehlen allerdings das äußere und das mittlere Ohr und somit die Schall übertragenden Strukturen, wie sie die Säugetiere besitzen. Das Innenohr der Fische befindet sich im Schädel hinter den Augen. Wie bei den Landwirbeltieren ist es ebenfalls mit Flüssigkeit gefüllt und Sitz der akustischen Rezeptoren, der Haarsinneszellen. Wie aber kann ein Fisch nun Änderungen in der Dichte des ihn umgebenden Wassers wahrnehmen, wenn er sich selbst im Wasser befindet und auch sein Innenohr mit Flüssigkeit gefüllt ist? Sollten die Schallwellen nicht einfach durch ihn hindurchgehen?

Dieses Problem lösen Unterwasserbewohner, indem sich bei ihnen die Schallwellen vom Medium »Wasser« auf das Medium »Stein« und bei manchen sogar auf das Medium »Gas« übertragen. So besitzen Fische kleine Steinchen aus Kalk in ihrem Ohr, die schwerer sind als das sie umgebene flüssige Medium. Treffen akustische Druckwellen auf das Innenohr, reagieren die Steinchen mit einer verzögerten Bewegung auf diese Wellen. Kommt der Hörstein »erst mal ins Rollen«, kann er nun die Stellung der sich ebenfalls im Innenohr befindenden Hörsinneszellen verändern. Die mechanischen Bewegungen der Hörsinneszellen werden dann wieder in Form elektrischer Nervenimpulse an das Fischhirn weitergeleitet. Diese Art der Schallübertragung klappt allerdings nur gut bei tiefen Tönen mit wenigen Schwingungen pro Sekunde. Es gibt jedoch viele Fische, die auch in höheren Frequenzen hören können – was ist deren Geheimnis?

Fische mit einem knöchernen Skelett besitzen eine mit Gas gefüllte Schwimmblase und können dank dieses Luftkissens trotz ihres Gewichts leicht durch das Wasser schweben. Die Schwimmblase kann aber noch mehr. Schallwellen übertragen sich vom Gas in der Schwimmblase auf deren elastische Wände und versetzen diese in Schwingung. Diese Schwingungen pflanzen sich weiter fort in Richtung Innenohr und bringen dort wieder die Hörsteine in Bewegung. Die Schwimmblase verstärkt also die ankommenden akustischen Wellen und funktioniert somit wie eine Art Trommelfell. Je größer die Schwimmblase, desto besser ist auch die Hörfähigkeit des Fisches. Einige Buntbarscharten wie der Indische Buntbarsch *(Etroplus maculatus)* und alle Vertreter der Heringe haben ein weiteres »Upgrade«, das ihre Hörfähigkeit verbessert. An dem vorderen Ende ihrer Schwimmblase befinden sich zwei Ausstülpungen, die in direktem Kontakt mit dem Innenohr stehen. So kann der Atlantische Hering *(Clupea harengus)* erstaunlich gut in einem Bereich von 30 bis 5000 Hertz hören und sogar die Richtung der Geräuschquelle erkennen. Wie Sie später noch genauer sehen werden, nutzt der Hering ganz besondere akustische Signale für die Kommunikation mit Artgenossen. Vertreter der Karpfen, Welse, Salmler und Messerfische wiederum besitzen kleine Gehörknöchelchen, die das Innenohr und die Schwimmblase miteinander verbinden. Der Verhaltensbiologe Karl von Frisch berichtete in seiner wissenschaftlichen Arbeit *Ein Zwergwels, der kommt, wenn man ihn pfeift*, wie er selbigen Fisch dazu brachte, auf seinen menschlichen Pfiff hin aus seiner Unterwasserhöhle zu kommen.

Das Seitenliniensystem – der Empfang elektrischer und mechanischer Informationen

Fische sowie alle im Wasser lebenden Amphibien sind ständig Druckwellen aus nah und fern in ihrer Umgebung ausgesetzt. Solche Druckwellen treffen beispielsweise ein, wenn ein anderes Tier vorbeischwimmt oder sich die Richtung der Wasserströmung an einem Hindernis ändert. Mithilfe des Seitenliniensystems können Fische und Amphibien diese Druckwellen wahrnehmen und auf diese Weise auch im trüben Wasser Informationen über ihre Umgebung sammeln, um sich zu orientieren. Das Seitenliniensystem hilft beispielsweise Fischen in einem Schwarm, stets den richtigen Abstand zum Nachbarn zu wahren. Die Informationsempfänger des Seitenliniensystems sind nur unter dem Mikroskop erkennbare Organe und heißen *Neuromasten*. Dabei handelt es sich um Haarsinneszellen, die von Stützzellen stabilisiert werden und von einer gel- oder schleimartigen Masse umgeben sind. Die Neuromasten liegen frei in der Haut von Fischen und Amphibien verteilt. Zusätzlich bilden sie ein System aus in der Haut eingesenkten Kanälen und Röhren. In diesen Kanälen und Röhren stehen die Neuromasten über Poren in der Haut mit dem sie umgebenden Wasser in Kontakt. Verursacht eine Bewegung im Wasser eine Druckwelle, bringt diese die Schleimsäule oder Gelmasse über den Neuromasten in Bewegung und somit auch die Haarsinneszellen in Schwung. Diese mechanischen Informationen werden dann wieder in Form von elektrischen Impulsen der Nervenzellen an das Gehirn geleitet. Der Seitenlinienkanal ist die längste solcher Röhren unter der Haut und zieht sich bei manchen Fischen gut sichtbar als feine Porenlinie vom Kiemendeckel bis zum Rumpfende. Das Seitenliniensystem kann auch die Schallwellen von Geräuschquellen erfassen, die sich ganz in der Nähe befinden. Schallwellen aus der Ferne hingegen erzeugen keine ausreichend starken Wasserbewegungen, die von den Neuromasten wahrgenommen werden können. Somit spielt das Seitenliniensystem für das Empfangen von akustischen Information für die Kommunikation keine wichtige Rolle.

Ganz anders hingegen das Empfängersystem für elektrische und geomagnetische Informationen bei Fischen, welches sich aus dem Seitenliniensystem heraus entwickelt hat. Es handelt sich um Kanäle in der Haut einiger Fische, die mit einer stromleitenden Substanz gefüllt sind. Wir Menschen wissen: Einen Föhn in der Badewanne zu benutzen ist keine gute Idee, denn Wasser leitet Strom wie geschmiert Butter (Butter selbst leitet übrigens keinen Strom). Genau diese elektrische Leitfähigkeit nutzen schwach elektrische Fische wie die Nilhechte oder Messerfische zur schnellen Kommunikation mit Artgenossen unter Wasser. Mithilfe von abgewandelten Muskelzellen oder Nervenzellen auf der Hautoberfläche können die in schlammigen Süßgewässern lebenden Fische schwache elektrische Felder erzeugen. Die meisten von ihnen sind nachtaktiv und leben am Boden. Augen wären hier vergebene Liebesmüh, und so haben sich im Laufe ihrer Entwicklung elektrische Informationen zur Kommunikation durchgesetzt, zum Beispiel in Form elektrischer Signale zur Anlockung eines Paarungspartners.

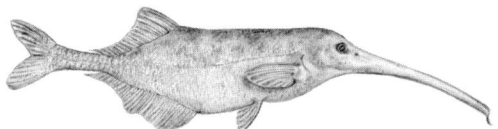

Der Ibis-Nilfisch *(Campylomormyrus numenius)* gehört zu den schwach elektrischen Fischen, die mithilfe von abgewandelten Muskelzellen oder Nervenzellen auf der Hautoberfläche elektrische Felder erzeugen. Die Nilhechte nutzen elektrische Signale für die Kommunikation mit Artgenossen.

Neben den schwach elektrischen Fischen gibt es auch die stark elektrischen Fische, wie den im Amazonas lebenden Zitteraal. Bei einer maximalen Spannung von bis zu 900 Volt erübrigt sich die Frage, warum Zitteraale heißen, wie sie heißen. Als schwimmende »Elektroschocker« setzen Zitteraale, aber auch Zitterwelse oder Zitterrochen, Strom zum Fang von Beute und zur Abwehr von Feinden ein – für die Kommunikation hingegen nutzen diese Fische ihre elektrisierende Fähigkeit nicht. So können stark elektrische Fische zwar selbst Strom erzeugen, sie besitzen jedoch keine Empfängersysteme für elektrische Informationen.

Immer der Riechsinneszelle nach

Bitte schließen Sie die Augen und stellen Sie sich vor, wir sind in einem Wald. Mit einem tiefen Atemzug saugen Sie die frische Luft ein. Es ist Sommer, und der Duft des Waldes ist nach einem kräftigen Gewitter besonders intensiv. Sie riechen Laub, Erde und – auch das gehört zum Wald – den typischen Geruch des Wildschweinkots neben ihrem Fuß. Mit dem Stichwort »Riechen« sind wir nun bei den Empfängersystemen für chemische Informationen angelangt und somit bei den *Chemorezeptoren*.

Die wählerischen Chemorezeptoren

Chemische Rezeptoren sind die Methusalems unter den Empfängersystemen und erfüllen zwei wichtige Aufgaben: Riechen und Schmecken. In ihren einfachsten Ausführungen helfen sie bereits einzelligen Lebewesen dabei, chemische Stoffe aus ihrer Umgebung aufzunehmen. Mit ihrer Hilfe kann eine Bakterie Zuckermoleküle binden und sich in Richtung des Leckerbissens bewegen. Die chemischen Rezeptoren auf der Zelloberfläche erkennen jedoch auch für das Bakterium giftige Stoffe – höchste Zeit für den Einzeller, sich schnell von der Gefahrenquelle wegzubewegen. Vor allem für an Land vorkommende Lebewesen sind Chemorezeptoren wichtig zur Aufnahme von Informationen in der Ferne. Wir können uns die Bindung eines Duftstoffes an den chemischen Rezeptor wie das Zusammenpassen von Schlüssel und Schloss vorstellen. Einige chemische Stoffe sind wie ein Universalschlüssel und passen in viele chemische Rezeptoren. Andere Stoffe hingegen passen nur an bestimmte Empfängerzellen, die wiederum nicht jeden daherkommenden Stoff an sich heranlassen. Die Kommunikation mittels chemischer Informationen ist somit ein besonders schönes Beispiel dafür, wie wichtig eine genaue Abstimmung des Senders auf den Empfänger ist.

Wirbellose »riechen« mit den Fühlern

Wirbellose Tiere wie Würmer, Gliederfüßer und Weichtiere sind in ihrer Orientierung im Lebensraum besonders auf die Aufnahme chemischer Stoffe angewiesen. Ihre Rezeptoren für andere Informationen sind meist schlecht oder gar nicht ausgebildet, und so hängt auch ihre Kommunikation mit anderen Lebewesen von der Fähigkeit ab, chemische Informationen wahrzunehmen. Dafür besitzen wirbellose Tiere über den ganzen Körper verteilte haarähnliche Riechsinneszellen. Bei den Insekten, Krebsen oder Spinnen konzentrieren sich diese an herausragenden Körperteilen wie den Antennen oder Beinen. Die haarähnlichen Ausstülpungen auf den Körperanhängen vergrößern die Oberfläche, damit möglichst viele Riechsinneszellen darauf Platz finden. Das ist auch der Grund,

Der Feldmaikäfer *(Melolontha melolontha)* besitzt gefächerte Fühler, auf denen sich die Riechsinneszellen für das Wahrnehmen chemischer Informationen befinden

warum Vertreter der Maikäfer wie der Feldmaikäfer *(Melolontha melolontha)* gefächerte Fühler besitzen, auf denen sich die Riechsinneszellen befinden. Es ist auch kein Zufall, dass Insekten zwei Antennen haben. Auf beiden sitzen die chemischen Rezeptoren und ermöglichen das räumliche Riechen.

Riechen bei Wirbeltieren – eine schleimige Angelegenheit

Das Wahrnehmen chemischer Informationen ist bei den meisten Wirbeltieren eine schleimige Sache, denn es spielt sich in der Riechschleimhaut ab. Dieser »feuchte Teppich« liegt im oberen Teil der Nasenhöhle und ist der Arbeitsplatz der Riechsinneszellen. Je nach Tierart wird es in der Nasenschleimhaut schon mal eng: So ist diese Schleimhaut bei uns Menschen nur 2 × 5 Quadratzentimeter groß und bietet etwa 30 Millionen Riechsinneszellen Platz. Beim Hund ist diese Fläche 100-mal größer, und entsprechend besitzen sie auch weit mehr Riechsinneszellen als wir Menschen. Die Riechsinneszellen haben kleine Härchen auf der Zelloberfläche, und genau auf diese Härchen haben es die Duftstoffe abgesehen. Im Gegensatz zu den anderen Rezeptoren werden die Riechsinneszellen ein Leben lang immer wieder ersetzt und somit erneuert.

Verfolgen wir den Weg eines Duftstoffes am Beispiel unserer eigenen Nase: Ein kräftiger Atemzug zieht die in der Luft befindlichen Duftstoffe zu unseren Riechsinneszellen. Das Duftmolekül bindet an den passenden Rezeptor und ändert dadurch das elektrische Potenzial des Rezeptors. Diese Änderung wird wiederum in der einheitlichen Sprache der Nervenzellen über dessen Postausgang – das Axon – per elektrische Erregung an den Riechkolben Ihres Gehirns weitergeleitet. Hier wird sortiert, gebündelt und zur Riechrinde im Großhirn geleitet. Erst jetzt wird Ihnen als Lebewesen bewusst, was es da zu riechen gibt. Die Riechzellen sind in Ihrer Schleimhaut nicht zufällig verteilt. Ankommende Informationen an Rezeptoren für die gleichen Duftmoleküle werden miteinander verrechnet. So gilt auch bei den Riechsinneszellen in der Nasenschleimhaut der Säugetiere das Schlüssel-Schloss-Prinzip, bei dem nur eine Klasse von Duftstoffen mit ähnlicher Struktur an die Rezeptorzelle binden und eine Reaktion auslösen kann. In den meisten Fällen gelten für die Bindung von Duftstoffen die Spielregeln der »Reise nach Jerusalem«, bei der immer nur eine Person auf einem Stuhl sitzen kann. In der Riechschleimhaut der Säuger gibt es jedoch sehr viele solcher »Stühle«, und die Verteilung der auf der Riechschleimhaut Platz nehmenden Geruchsstoffe fügt sich im Gehirn zu einem Geruchsbild zusammen. Die Verschaltung verschiedener Empfängertypen ermöglicht uns Menschen, bis zu 10 000 verschiedene Gerüche zu unterscheiden.

In Sachen Riechen bei Wirbeltieren hat sich der dänische Arzt Ludwig Levin Jacobson einen Namen gemacht. Er fand das »Jacobson'sche Organ«, auch Vomeronasalorgan genannt. Es ist auf chemische Signale in der Kommunikation mit Artgenossen spezialisiert. Das Organ ist bei den meisten Wirbeltieren inklusive uns Menschen eher verkümmert, und Vögeln fehlt es völlig. Für Reptilien spielt das Jacobson'sche Organ hingegen eine wichtige Rolle beim Riechen und Schmecken. So fängt die Gemeine Puffotter *(Bitis arietans)* mit ihrer gespaltenen Zunge in der Luft befindliche chemische Stoffe ein und drückt diese gegen das Jacobson-Organ in ihrem Rachen. Riechen und Schmecken ist auf diese Weise für die Puffotter ein Abwasch!

TEIL II

WER tauscht mit WEM und WARUM Informationen aus?

3 Einzeller – Kommunikation auf kleinstem Raum

Von Bakterien in heißen Schwefelquellen, Moosen in der kalten Tundra bis hin zu Fischen in der finsteren Tiefsee: Leben auf unserer Erde scheint praktisch überall möglich zu sein. An Land, zu Wasser oder in der Luft trotzt es auch den unwirtlichsten Umständen. Unternehmen wir also einen kleinen Bummel durch die Vielfalt des Lebens und klären dabei die Frage: WER tauscht eigentlich mit WEM und WARUM Informationen aus? Beginnen wir am besten am Anfang!

Kein Schweigen im Heuaufguss

Ich heiße Sie herzlich willkommen in meinem Arbeitszimmer. Nehmen Sie bitte Platz und machen Sie es sich gemütlich – ich hab da mal was vorbereitet. Vor einigen Tagen übergoss ich etwas Heu mit Wasser aus der Regentonne und ließ das Gebräu bei Zimmertemperatur stehen. Keine Sorge, ich biete Ihnen das Gemisch nicht zum Trinken an – auch wenn es vielleicht nach etwas klingt, das sich Menschen aus Gesundheitsgründen einverleiben. Es handelt sich vielmehr um ein Experiment, mit dessen Hilfe ich Ihnen etwas zeigen möchte. Auf den ersten Blick scheint Heu »tot« zu sein, denn es ist das Produkt getrockneter Gräser und Kräuter nach dem Mähen einer Wiese. Im Heu versteckt sich jedoch ein für uns noch unsichtbares Geheimnis: Gelehrte im 17. Jahrhundert beobachteten bereits, dass sich durch Zugabe von Wasser und Wärme nach einiger Zeit Leben im vermeintlich toten Heu regt. So sind Gräser und Kräuter der Lebensraum vieler Mikroorganismen, zum Beispiel für Bakterien. Wir Menschen können diese Kleinstlebewesen nur mit dem Mikroskop sehen und nicht mit unserem bloßen Auge – daher der Name Mikroorganismus. Sind wir im Besitz unserer vollen Sehkraft, können wir ein einzelnes menschliches Haar mit einem Durchmesser von 100 Mikrometern als solches erkennen. Die Ausmaße der Mikroorganismen liegen zwischen einem und 100 Mikrometern.

Viele dieser Kleinstlebewesen bilden Überdauerungsstadien aus, mit deren Hilfe sie Zeiten längerer Trockenheit überleben können. Indem ich dem Heu Wasser und Wärme zugefügt habe, verbesserten sich die Bedingungen wieder, und die Mikroorganismen erwachten wie in einem Zombiefilm zum Leben. Nach einigen Tagen haben sie sich so weit vermehrt, dass sich ein Blick in das unsichtbare Universum der Mikroorganismen lohnt. Mit einer Pipette tropfe ich vorsichtig etwas Heuflüssigkeit auf eine kleine Glasscheibe und lege sie unter das Mikroskop. Ich stelle eine 400-fache Vergrößerung ein und darf Sie bekannt machen: Augentierchen, Pantoffeltierchen, Nasentierchen, Trompetentierchen, Waffentierchen, Amöben und Heubakterien. In nur einem Tropfen Heuaufguss wuselt und wimmelt es nur so vor Leben.

Einzel(l)-Unternehmen Zelle: Sender und Empfänger im Mikroformat

So ein Einzeller hat seinen Namen nicht umsonst bekommen, denn er besteht tatsächlich nur aus einer Zelle. In der »kleinen Kammer« gibt es alles, was für das Leben so gebraucht wird, inklusive der Aufnahme von Informationen. Auf der Begrenzung der Zelle nach außen finden sich auch die Empfangsstationen – die Rezeptoren, mit deren Hilfe sich Pantoffeltierchen und Co. in ihrer Umgebung zurechtfinden. Diese Rezeptoren reagieren zum Beispiel auf äußeren Druck: Das Heubakterium »merkt«, wenn ein anderer Einzeller ihm die Vorfahrt nimmt und seitlich in es reinbrettert. Mit ihren Rezeptoren nehmen die Einzeller auch wahr, wenn ich aus Versehen gegen das Objektglas stoße und ein Seebeben im Heutropfen erzeuge. Der Stoß verursacht eine Bewegung im Wasser, die wiederum die mechanischen Rezeptoren an der Zelloberfläche als Druckunterschiede wahrnehmen. An den Rezeptoren werden dann die ankommenden Informationen durch chemische Botenstoffe in der Zelle weitergeleitet. Als eine mögliche Reaktion auf diese Informationen kann der Einzeller zum Beispiel regungslos verharren, bis das Beben vorbei ist. Die Kommunikation mit der Außenwelt läuft also in nur einer einzigen Zelle ab – »Posteingang«, »Informationsverarbeitung« und »Postausgang« inklusive.

Procyte und Eucyte: Der Kern macht den Unterschied

Allein in einem Tropfen Heuaufguss finden sich die zwei grundlegendsten Versionen an Einzellern, auf deren Einteilung alle anderen Lebewesen beruhen: Die prokaryotischen Zellen *(Procyte)* und die eukaryotischen Zellen *(Eucyte)*. Wenn man so will, ist die Procyte die einfachere und unaufgeräumtere Version einer kleinen Kammer. Vielen männlichen Singlewohnungen gleich, ist sie eher spärlich mit wenig Hab und Gut eingerichtet. Es gibt keinen richtigen »Schrank«, und der wenige Besitz ist »frei schwebend« im ganzen Raum verteilt. So befindet sich auch der Bauplan der Zelle in Form der DNA »unverpackt« und ist nicht vom restlichen Kammerinhalt abgegrenzt. Nichtsdestotrotz gibt es dennoch ein System in der Procyte, und alle lebenswichtigen Funktionen klappen. Die Eucyte ist im Gegensatz zur Procyte bis zu zehnmal größer und in Sachen Unterkunft definitiv eine Weiterentwicklung – sozusagen ein »Upgrade«. Hier gibt es abgeschottete Arbeitsbereiche innerhalb der Kammer mit Namen »Zellorganellen«. Einer dieser neuen Zellbestandteile ist ein echter Zellkern mit Hülle. In ihm ist die DNA ordentlich verpackt und somit deutlich abgegrenzt vom restlichen Zellinhalt. Die anderen Zellbestandteile wie die Vakuolen oder Mitochondrien übernehmen wichtige Aufgaben im Stoffwechsel, zum Beispiel wie viel Wasser in die Zelle rein- und rausgeht. Woher kommt auf einmal dieser neue Luxus in Sache Zellkammer? Es gibt viele Hinweise darauf, dass große Procyten irgendwann einmal kleinere Procyten aufgenommen haben und eine Art WG gründeten. Die Zellen halfen sich gegenseitig in einer Symbiose.

Der Theorie nach entwickelte sich aus dieser Procyten-WG im Laufe der Zeit die eukaryotische Zelle. Das Vorkommen der Procyten und Eucyten spaltet die Naturnation in drei Domänen[*]: die *Archaeen*, die *Bacteria* und die *Eukaryota*. Warum sind es drei und nicht zwei, denn schließlich gibt es nur zwei Zelltypen? Die Archaeen und Bacteria sind aus den einfachen prokaryotischen Zellen aufgebaut und heißen *Prokaryota*. Alle anderen Lebewesen wie die Tiere und Pflanzen bestehen aus den eukaryotischen Zellen und heißen *Eukaryota*.

Prokaryoten sind Archaeen und Bakterien

Archaeen unterscheiden sich in einigen Eigenschaften wie beispielsweise der Begrenzung ihrer Zelle nach außen von den Bakterien. Sie werden unter anderem deswegen einer eigenen Domäne zugeordnet. Das Wort »Archaeen« leitet sich vom griechischen *archaios* ab und bedeutet so viel wie »ursprünglich«. So sind sowohl Archaeen als auch Bakterien heute wie vor 3,5 Milliarden Jahren von der ganz harten Sorte und besiedeln unwirtliche Gegenden wie heiße und schwefelige Quellen in der Tiefsee. Mittels kleiner, in der Zellbegrenzung verankerter Fäden bewegen sich diese Prokaryoten fort: der Flagellen. An der Basis der Fäden ist ein »Motor« angeschlossen, der sie in Bewegung bringt. Solche Flagellen können die gesamte Zelloberfläche bedecken oder nur an einigen Stellen vorkommen. Wird der Motor angeschmissen, dreht sich die Flagelle wie ein kleiner Propeller bis zu 1700-mal pro Sekunde und erzeugt so einen Schub, der die Zelle vorantreibt. Wahlweise können die Einzeller auch den Rückwärtsgang einlegen, indem sich die Drehrichtung der Flagelle ändert. Dieser »Außenborder« funktioniert wie ein Elektromotor und ermöglicht dem Sprinter unter den Bakterien, *Candidatus Ovobacter propellens,* Spitzengeschwindigkeiten von einem Millimeter pro Sekunde zurückzulegen. Ein weiteres Beispiel für die vielfältige Form der Bewegung im Mikrokosmos

---

[*] Ist eine Art die kleinste Stufe zur Einteilung des Lebens, so ist eine Domäne die höchste Stufe.

der Einzeller sind Myxobakterien, die im Schwarm leben. Eine einzelne Zelle kann entweder Schleim produzieren und darauf hin und her rutschen oder sich an eine vorüberziehende Nachbarzelle dranhängen – per Anhalter durch die Bakteriengalaxis.

Pantoffeltierchen und Co. – Einzeller des Typs »Eucyte«

Werfen wir nochmals einen Blick unter das Mikroskop: Das Licht der Lampe hat den Wassertropfen ordentlich aufgeheizt, und die kleinen Einzeller kommen immer mehr in Wallung. Ein Nasentierchen saust knapp an einem Augentierchen vorbei, und auch die Amöbe bewegt sich mit ihren Scheinfüßchen schneller in dem kleinen Heutropfen umher. Die »Tierchen-Namen« dieser Mikroorganismen sind allerdings etwas irreführend, denn in Wirklichkeit sind die flinken Einzeller keine Tiere. Was aber dann? Das, was wir Menschen mit bloßem Auge als Pflanzen, Pilze und Tiere kennen, sind Lebewesen aus vielen Zellen des Typs »Eucyte«. Pantoffeltierchen und Co. hingegen sind Teil eines weltweiten Sammelsuriums an Lebewesen, die nur aus einer oder wenigen Zellen des Zelltyps

Die kalkhaltigen Gehäuse der Foraminiferen, auch Kammerlinge genannt, formen unter anderem die Kreidefelsen der Rügener Steilküste. Die meisten Arten sind ausgestorben und nur noch als Fossilien vorhanden. Noch lebende Vertreter diese Einzeller vom Typ »Eucyte« kommen meist am Meeresboden vor.

»Eucyte« bestehen. Sie bevölkern vor allem unsere Meere und Süßgewässer und stellen eine wichtige Nahrungsgrundlage für andere Lebewesen dar. So gehören zu diesem »Sammelsurium« auch einzellige Algen mit der Fähigkeit zur Fotosynthese sowie pilzähnliche Lebewesen. Einige dieser Mikroorganismen nehmen oft wunderschön anzuschauende Formen an, allen voran die Radiolarien, Kieselalgen und Foraminiferen. Die toten Überreste dieser Einzeller sind übrigens der Stoff, aus dem sich einst Kreidefelsen wie an der Steilküste Rügens formten.

So vielfältig die Gestalt der Einzeller, so vielfältig sind auch ihre Fähigkeiten der Fortbewegung. Hier wird gekrochen, geglitten, geflossen und geschritten, was das Zeug hält. Die Flagellen eukaryotischer Zellen unterscheiden sich in der Struktur von denen der prokaryotischen Zellen – sie werden daher im Deutschen auch zur besseren Unterscheidung als Geißeln bezeichnet. Sie sind keine Anhängsel, sondern eine Ausstülpung der Zellmembran und somit von dieser umschlossen – ein bisschen wie unsere Arme und Beine. Amöben hingegen kriechen mit ihren Scheinfüßchen über den Meeresboden. Nehmen ihre chemischen Rezeptoren auf der Zelloberfläche ein Hindernis wahr, passt sich die Amöbe an ihre Umgebung an und umfließt das Hindernis. Bindet ein Giftstoff an einen der Rezeptoren, wird eine chemische Reaktionskette in der Zelle ausgelöst, und die Amöbe bewegt sich von der »Quelle des Bösen« weg. So viel Souveränität wünsche ich mir auch in meinem Alltag – läuft bei dir, Amöbe!

Vom Einzeller zum Mehrzeller – die Grünalge Chlamydomonas

An der Schwelle vom Ein- zum Mehrzeller begegnen uns kleine Lebewesen mit den hinreißenden Namen »Chlamydomonas«, »Eudorina« und »Volvox«. Es begann wahrscheinlich bei der Grünalge Chlamydomonas. Sie kommt in kleinen Süßwassergewässern vor und kann sich, typisch Alge, per Fotosynthese selbst »verpflegen«. Mit ihrer Geißel ist sie mobil unterwegs, und ein Augenfleck als einfacher Lichtempfänger hilft ihr, sich in der Umgebung zu orientieren. Chlamydomonas-Zellen vermehren sich durch einfache

Teilung, und ihre Tochterzellen können selbstständig für sich leben. Bleiben mehrere Chlamydomonas-Zellen nach ihrer Entstehung über Zellbrücken in Kontakt, bilden sie eine Kolonie. Eine äußere Hülle umgibt die Kolonie und hält alle Zellen zusammen. Ab einer Anzahl von 32 Zellen passiert etwas Interessantes: Einzelne Zellen vergrößern sich, und auch der Augenfleck tritt deutlicher hervor. Diese Kolonie aus 32 Zellen trägt nun den Namen »Eudorina« und zeigt erste Anzeichen einer Arbeitsteilung. Die Grünalgen »Volvox« bilden eine besonders schön anzuschauende Kolonie aus mehr als 10 000 einzelnen Zellen. Von einer Hülle umgeben ordnen sich die begeißelten Zellen zu einer Kugel an und kommunizieren untereinander mittels Zellbrücken. Kommunikation ist zwischen den Tausenden von Zellen auch dringend nötig, denn wie bei einem Schiff mit Ruderern muss der Geißelschlag jeder einzelnen Zelle koordiniert werden. Machte hier jeder, was er will, käme das Schiff nie an sein Ziel!

Volvox ist genau genommen keine Ansammlung aus einzelnen selbstständigen Zellen mehr, denn es gibt bereits eine eindeutige Arbeitsteilung. In einer Volvox mit 10 000 Zellen sind nur maximal 16 davon für die Fortpflanzung zuständig und teilen sich. Sobald die aus der Teilung entstandenen Tochterzellen groß genug sind, bricht die ganze Volvox-Kugel auseinander und entlässt die neuen Zellen in die Welt hinaus. Diese können nun eine neue Kugel formen, während die restlichen Zellen der alten Volvox einfach absterben. Volvox zeigt bereits im Kleinen, wie viel Kommunikation zwischen den Zellen eines Mehrzellers nötig ist, damit das Lebewesen als Ganzes funktioniert. Bevor wir jedoch mit den »großen« Mehrzellern wie den Pilzen, Pflanzen und Tieren weitermachen, belauschen wir zunächst die Kommunikation von Einzellern und beantworten die Frage: Mit wem und warum tauschen Bakterien, Pantoffeltierchen oder Amöben eigentlich den ganzen Tag Informationen aus?

Fressen und gefressen werden

Die Grünalge Chlamydomonas haben Sie eben kennengelernt. Ist ein Einzeller wie die kleine Grünalge nicht in der Lage, Nahrung durch Fotosynthese selbst herzustellen, muss er sich die Nahrung in Form von anderen Lebewesen »besorgen«. Das Thema »Fressen und gefressen werden« ist somit eines der grundlegendsten Gesprächsthemen zwischen Lebewesen unterschiedlicher Art. Wie wir eingangs schon am Beispiel der Katze und der Amseln gesehen haben, belauschen Räuber oftmals die Kommunikation ihrer Beute und nutzen die ausspionierten Informationen für ihren eigenen Vorteil.

Ich Hunger, du Nahrung
Bakterien ernähren sich häufig von toten Lebewesen und zerlegen sie auf diese Weise wieder in ihre ursprünglichen Einzelteile. Aus diesen »Einzelteilen« kann nun wieder neues Leben entstehen, und somit erfüllen viele Mikroorganismen einen enorm wichtigen Job als Müllmänner der Natur. Ernähren sich Lebewesen nicht gerade von toten Lebewesen oder sind in der Lage, ihre Nahrung selbst herzustellen, müssen sie zusehen, wo sie ihre tägliche Portion Energie herbekommen. Der Zugang zu chemischer Energie in Form von Lebensmitteln ist für uns Menschen zu einem sprichwörtlichen Spaziergang in den Supermarkt, ins Restaurant oder in unsere Küche geworden. Hier ist die Nahrung bereits mehr oder weniger verzehrbereit für uns vorbereitet, und wir müssen unser Essen nicht dazu »überreden« mitzukommen. In der freien Wildbahn sieht das ganz anders aus: Würden Sie einen Kurs im Überleben buchen, müssten Sie sich darauf einstellen, Ihre Nahrung selbst zu suchen, zu fangen und zu erlegen. Plötzlich sind Sie in die Zeit als Jäger und Sammler zurückversetzt und mit Fragen konfrontiert wie: Welchen Pilz oder welche Pflanze kann ich mehr als einmal essen? Wie komme ich an Nahrung, ohne dabei selbst zum Abendbrot verspeist zu werden? Bereits bei vielen Mikroorganismen steht das Thema »Fressen und gefressen werden« auf der täglichen To-do-

Liste des Lebens und bedarf dem Senden und Empfangen von Informationen.

Knöllchenbakterien verteilen keine Strafzettel, sondern Stickstoff

Viele Einzeller erleichtern sich die Nahrungsbeschaffung und verlassen die freie Erde oder das Wasser, um in oder auf anderen Organismen zu leben. So machen es sich Bakterien gern in Hauttaschen oder Körperpartien von Tieren gemütlich und besiedeln diese zu Abermilliarden, zum Beispiel *Escherichia coli* im Darm des Menschen. Findet ein Geben und Nehmen zwischen »Mitbewohner« und »Gastgeber« statt und sind beide verschiedener Art, heißt diese ungleiche Freundschaft Symbiose. Wir sind über diesen Begriff schon im letzten Kapitel gestolpert, als es um das friedliche Zusammenleben zweier prokaryotischer Zellen ging. Sind die zwei Lebewesen in einer Symbiose größentechnisch so weit auseinander wie David von Goliath, heißt der größere Symbiosepartner »Wirt«. Bakterien unterstützen zum Beispiel die Verdauung ihres Wirtes oder verhindern, dass Pilze die Herrschaft über die eine oder andere Körperöffnung an sich reißen.

In unserer ersten Symbiose ist der Wirt typischerweise eine Pflanze aus der Familie der Hülsenfrüchtler, zu denen Erbsen, Bohnen oder Luzernen gehören. Wie alle Pflanzen brauchen sie für ihr Wachstum und die Bildung von grünen Blättern Stickstoff. Zwar besteht Luft zu 78 Prozent aus Stickstoff, das Problem ist aber leider, dass Pflanzen den umherschwirrenden Stickstoff nicht einfangen können. Doch wo eine Nachfrage ist, da gibt es immer auch einen Markt! So haben die Knöllchenbakterien den Stickstoff überlistet und können ihn aus der Luft aufnehmen und in eine für Pflanzen nutzbare Form umwandeln. Diese Fähigkeit ist eine wertvolle Dienstleistung, und so ist es nicht verwunderlich, dass viele Pflanzen mit diesen stickstoffbindenden Knöllchenbakterien einen »Handel« eingehen. Im Gegenzug für die Stickstoffproduktion bekommen die Bakterien Nährstoffe von der Pflanze direkt frei Haus geliefert. Doch wie findet dieses ungleiche Paar zusammen?

Die Wurzeln von Erbse und Co. senden chemische Signale aus und locken die Knöllchenbakterien auf diese Weise zu sich. Erst wenn sich die Bakterienzellen mit denen der Pflanzenzellen auf chemischer Ebene »einig« sind, kann die Bakterienzelle in die Wurzelzelle eindringen und es sich »gemütlich machen«. Das Wort »Knöllchen« hat übrigens nichts mit einem Strafzettel zu tun. Als Reaktion auf das Eindringen der Bakterien in die Wurzelzellen beginnen sich diese zu krümmen und umschließen dabei die Bakterien. Es entstehen dabei die typischen Knöllchen, die den Bakterien ihren Namen geben. Interessanterweise scheinen auch andere Lebewesen im Boden an der Verbindung zwischen Knöllchenbakterien und Wurzelzelle beteiligt zu sein.

Der Fadenwurm *Caenorhabditis elegans* ist ein typischer Bewohner des Lebensraums Erde, wo er sich unter anderem von Bakterien ernährt. Seine Leibspeise findet er in den Weiten des Erdreichs zielsicher mithilfe chemischer Rezeptoren auf seiner Körperoberfläche. So hinterlassen die Bakterien auf ihrem Weg durch die Erde eine Duftspur. Dieser muss der Fadenwurm einfach nur folgen und gelangt somit direkt an sein Ziel – große Ansammlungen von Bakterien. Fadenwürmer werden jedoch nicht nur von den chemischen Duftstoffen der Bakterien magisch angezogen. Der Hülsenfrüchtler mit dem Namen Gestutzter Schneckenklee *(Medicago truncatula)* sendet ebenfalls chemische Informationen aus, für die der Fadenwurm Rezeptoren besitzt. Was aber könnte der Schneckenklee vom Fadenwurm wollen? Normalerweise sind Fadenwürmer nicht besonders gern gesehene Gäste in der Nähe von Pflanzen, denn einige Vertreter unter ihnen verkösten sich an deren Blättern oder können sogar Krankheitserreger übertragen. *Caenorhabditis elegans* ist jedoch von großem Nutzen für den Schneckenklee, denn auf seinem Speisezettel steht auch das Knöllchenbakterium *Sinorhizobium meliloti*, der Symbiosepartner des Gestutzten Schneckenklees. Anscheinend weiß der Hülsenfrüchtler um die Bakterienspürnase des Fadenwurms und macht sich diese für eigene Zwecke zunutze: Er sendet chemische Botenstoffe aus, die den Fadenwurm samt Bakterien im Gepäck zu sich locken. So wird der Fadenwurm vom

Schneckenklee als Bakterienkurier genutzt. Die »Paketübergabe« erfolgt dabei auf zwei Wegen: Der erste Weg geht direkt über den Kontakt des Fadenwurms mit der Pflanzenwurzel, denn auf der Körperoberfläche des Fadenwurms befinden sich »mitreisende« Bakterien. Der zweite Weg führt sprichwörtlich durch den Wurm hindurch und erfolgt über dessen Kot. Der Fadenwurm hat eine rege Verdauung und kann im optimalen Fall alle 45 Sekunden (!) seine Hinterlassenschaften inklusive Knöllchenbakterien »abliefern«. Im Laborversuch zeigte sich, dass sich trotz Verdauung durch den Wurm noch genügend lebende Bakterien im Kot befinden, die mit den Wurzeln des Schneckenklees eine Symbiose eingehen. Ganz schön clever, dieser Schneckenklee.

Helfen Bakterien Blattschneiderameisen bei der Kommunikation?

Bakterien gehen nicht nur Symbiosen mit Pflanzen ein, auch Tiere profitieren von den mikroskopischen Untermietern in vielerlei Hinsicht. Eine ganz besonders interessante Symbiose zwischen Bakterie und Ameise lief mir im wahrsten Sinne des Wortes im dichten mexikanischen Dschungel über den Weg. Hier gibt es die Blattschneiderameisen. Ihr Name ist Programm, denn die Ameisen zerschneiden mit ihren Mundwerkzeugen Blätter und verfüttern diese an ihre hauseigene Pilzzucht in der Ameisenkolonie. Die Pilze wiederum dienen den Ameisen selbst als Nahrung. Die fleißigen Blattschneiderameisen tragen allerdings nicht nur geschnittene Blätter mit sich herum: Auf ihrer Körperoberfläche befinden sich Bakterien, mit denen sie in einer Symbiose leben. Die Bakterien halten zum Beispiel Pilze in Schach, die bei den Ameisen gefährliche Krankheiten auslösen können. Wissenschaftler in São Paulo, Brasilien, veröffentlichten 2018 Ergebnisse darüber, dass die Bakterien noch weitaus mehr Nutzen für die Ameisen darstellen als bisher angenommen. Im Fall der Blattschneiderameisen der Art *Atta sexdens rubropilosa* helfen Bakterien sogar bei der Kommunikation mit den Artgenossen.

Diese Ameisenart lebt zu Millionen in unter der Erde angelegten

Nestern zusammen. So viele Ameisen auf einem Haufen brauchen eine besonders gute Kommunikation, damit die »Logistik« funktioniert. Wissenschaftler fanden heraus, dass sich die Ameisen für diesen riesigen Kommunikationsjob Bakterien der Art *Serratia marcescens* in ihren Drüsen halten. Diese Bakterien setzen Duftstoffe frei, wie sie die Ameisen auch für ihre eigene Kommunikation nutzen. Kann das Zufall sein? Im Labor kamen die Wissenschaftler den Bakterien auf die Duftspur und hielten sie in »Einzelhaft«. Die von den Bakterien produzierten Stoffe ähnelten in ihrer chemischen Struktur stark den Duftstoffen, wie sie die Ameisen für die Markierung ihrer Straßen nutzen oder sogar als Alarmstoffe für die Anwesenheit von anderen Ameisen einsetzen. Anscheinend unterstützen die Bakterien die chemische Kommunikation innerhalb des Ameisennests. Die ausgesendeten Duftstoffe im Boden frei lebender Bakterien sind wahrscheinlich auch der Grund dafür, dass die beiden Symbiosepartner überhaupt erst zusammenfinden. Die Ameisen erkennen die Duftspur der Bakterien als ihre eigene an und folgen ihr bis zum Ursprung: der Beginn einer lebenslangen Freundschaft!

Das Pantoffeltierchen schlägt zurück

Einzeller wie das Pantoffeltierchen stehen auf der Speisekarte vieler Lebewesen ganz oben, doch auch sie haben bereits Strategien entwickelt, nicht vom Fleck weg gefressen zu werden. Die Fressfeinde der Pantoffeltierchen verraten ihre »Mordabsichten« ganz unbewusst, denn sie senden chemische Informationen aus. Der Einzeller besitzt auf seiner Zelloberfläche die passenden Empfänger und reagiert sofort, sobald ein Duftmolekül seiner Feinde andockt. So schießt das Pantoffeltierchen als Antwort auf die Anwesenheit des Nasentierchens Pfeile mit dem Namen *Trichocysten* ab. Diese Trichocysten kommen auch bei anderen Einzellern vor und befinden sich zu Tausenden auf deren Zelloberfläche. Sie ähneln in ihrer Form oft einer zugespitzten Karotte und werden auf eine mechanische, chemische oder elektrische Reizung hin abgefeuert. Diese pfeilartige »Waffe« dient dem Pantoffeltierchen nicht nur zur eige-

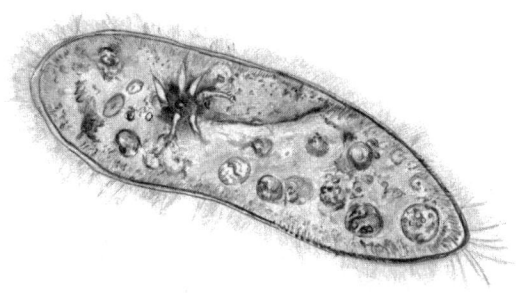

Einzellige Pantoffeltierchen *(Paramecium spec.)* nehmen mit chemischen Rezeptoren auf der Zelloberfläche Informationen aus ihrer Umgebung auf und reagieren auf diese.

nen Abwehr, sondern auch zum Beutefang und somit zur Nahrungsaufnahme. Ist so eine Trichocyste erst einmal abgefeuert, kann sie nicht ein zweites Mal verwendet werden. Hat das Pantoffeltierchen den Angreifer jedoch zu spät entdeckt und bereits Kontakt mit ihm gehabt, ist dies das Signal für eine Kehrtwende und den Rückzug. Diese Fluchtstrategie gibt dem Pantoffeltierchen einen zeitlichen Vorsprung. Andere Wimperntierchen reagieren auf die Anwesenheit ihrer Räuber mit einem Gestaltwandel. Sie verändern einfach ihre Form in einer Art und Weise, dass dem Räuber der Appetit vergeht. Was eben noch ein Leckerbissen war, verwandelt sich im nächsten Moment zu einem unverdaulichen Brocken.

Sagt eine Bakterie zur anderen

Lebewesen mit nur einer Zelle wie zum Beispiel Bakterien sind deswegen so zahlreich auf unserem Planeten vertreten, weil sie eine schnelle Form der Vermehrung praktizieren: Die asexuelle Fortpflanzung. Für diese Art der Fortpflanzung bringt die Zelle alles Nötige selbst mit und braucht dafür keine andere Zelle und somit auch keine Geschlechter. Warum es dennoch gute Gründe gibt, auch bei Bakterien über das Thema Sex zu sprechen, erfahren Sie im folgenden Kapitel.

Ungeschlechtliche Vermehrung: Verdoppeln, Wand einziehen, fertig!

Im Labor kann sich das Bakterium *Escherichia coli* unter optimalen Bedingungen alle 20 Minuten teilen und somit verdoppeln. Lassen Sie mich den Vorgang von 20 Minuten auf sieben Wörter und somit drei bis fünf Sekunden Lesezeit herunterbrechen: Zellbestandteile verdoppeln, dazwischen neue Wand einziehen, fertig! Das Ergebnis dieser Zellteilung sind völlig identische Tochterzellen, die den gleichen Bauplan besitzen wie die Mutterzelle. Pflanzen und einige einfacher gebaute Tiere wie beispielsweise Strudelwürmer können sich ebenfalls durch Teilung ihrer selbst vermehren. Diese Teilung kann im wahrsten Sinne des Wortes kreuz und quer verlaufen, zum Beispiel teilen sich Amöben an keiner festen Achse. Eine Zelle kann sich auch vielfach teilen und wieder in viele Einzeller zerfallen. Wie wir gelernt haben, gibt es Zellen mit und ohne Zellkern. Die eukaryotischen Zellen mit Kern müssen diesen für die Vermehrung ebenfalls teilen, damit jede Tochterzelle gut gerüstet mit einem eigenen Zellkern in die Welt hinausziehen kann. Diese Teilung des Zellkerns trägt den Namen *Mitose*. So ermöglicht die Mitose auch das Wachstum und die stetige Erneuerung der einzelnen Zelle durch Teilung innerhalb eines eukaryotischen Mehrzellers. Für die Vermehrung des eigentlichen Mehrzellers, wie Sie und ich einer sind, braucht es hingegen in der Regel die sexuelle und somit geschlechtliche Vermehrung. Doch dazu später mehr.

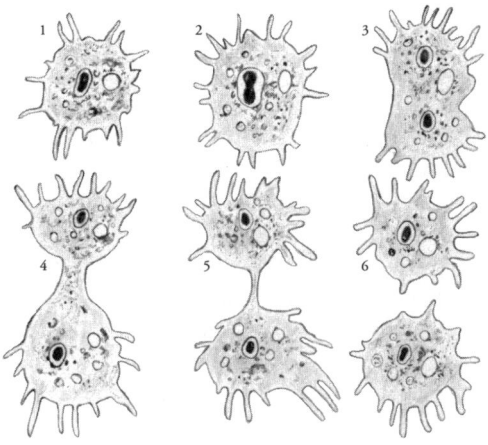

Einzeller wie die Amöbe vermehren sich ungeschlechtlich durch
Teilung ihrer selbst. Aus einer Mutterzelle gehen genetisch identische
Tochterzellen hervor *(Teilung von links oben nach rechts unten)*.
[Nach F. E. Schulze aus: von Hanstein, R. (1913) Biologie der Tiere.
Verlag Quelle & Meyer, Leipzig.]

Schuster, bleib bei deinen Leisten

Lebewesen mit einer asexuellen Vermehrung scheint es nicht zu
stören, dass sie eins zu eins wie ihre Mutter sind. Sie leben ge-
treu dem Motto: »Never change a running system«[*] oder auf gut
Deutsch »Schuster, bleib bei deinen Leisten«. Was ich damit meine?
Nehmen wir das Beispiel eines Bakteriums, das in Ihrem Darm
lebt. Hier sind durchgehend stabile Klimabedingungen um die an-
genehmen 36,5 °C. Überlebt das Mutter-Darmbakterium mit seinem Bauplan in dieser Umgebung, überleben auch die identischen

---

[*] »Never change a running system« ist ein Ausspruch, der so eigentlich nur
in der deutschen Sprache benutzt wird – und nicht von englischen Mut-
tersprachlern. Es leitet sich ab von der Redewendung »Never change a
winning team«. Dieses Zitat stammt ursprünglich vom englischen Fuß-
balltrainer Sir Alf Ramsey und bedeutet: Ändere nie ein Gewinnerteam.

Tochterzellen – vorausgesetzt, die Lebensbedingungen ändern sich nicht. So kann sich das Blatt schnell wenden, wenn Sie zum Beispiel eine ordentliche Dosis Antibiotika einnehmen. Da alle Bakteriennachkommen identisch sind, ist es wahrscheinlich, dass unter sich ändernden Lebensbedingungen auch alle von ihnen sterben werden. Pech nur, dass die Zellteilung nicht immer akkurat abläuft und sich beim Abschreiben des Bauplans ab und an Fehler einschleichen. So ein Fehler trägt den Namen *Mutation*. Ändert sich ein Buchstabe, ein Wort oder ein ganzer Satz im »Bauplan« der Zelle, sind auch die Nachkommen nicht mehr identisch mit der Mutterzelle. Solche Mutationen können für die Einzeller lebensrettend sein, wenn sie sich im neuen Bauplan als Vorteil erweisen. Allerdings kann es ein paar Jahrmilliönchen dauern, bis per Zufall die passende Änderung auftritt.

Bakterien finden sich zusammen

Bakterien wie *Escherichia coli* haben einen Mechanismus entwickelt, mit dessen Hilfe sie ihren Nachkommen zu gezielt mehr Individualität verhelfen – sie tauschen kurzerhand ihren DNA-Bauplan mit anderen Artgenossen aus! Alles, was sie dafür brauchen, ist ein kleines fadenförmiges Anhängsel, der *Sex-Pilus*. Ich stelle mir das Ganze wie in einem Science-Fiction-Film vor, wenn zwei Raumstationen andocken: Im Bakterium-Universum treffen zwei dieser »Raumstationen« aufeinander, fahren ihren Sex-Pilus aus und tauschen darüber die Baupläne für ihre Raumschiffe aus. Allein eine andere Bakterie zu finden und den Austausch »zu koordinieren«, bedarf gewisser Kommunikationsfähigkeiten. Chemische Informationen spielen hier eine wichtige Rolle, doch ist das schon alles in Sachen Bakterienkommunikation?

Japanische Wissenschaftler wollten herausfinden, ob Bakterien auch auf akustische Informationen reagieren und vielleicht sogar selbst Töne für die Kommunikation mit Artgenossen nutzen. Im Labor ließen sie in kleinen Schälchen Bakterien der Art *Bacillus carboniphilus* wachsen. Diese bilden unter Laborbedingungen schnell eine Kolonie aus vielen Zellen, die in einem lockeren Verband dicht zusammenleben. Dieser Bakterienkolonie spielten die Wissenschaftler Töne unterschiedlicher Frequenzen vor und staunten nicht schlecht. Als Reaktion auf Tonhöhen im Bereich von 6 – 10 Kilohertz, 18 – 22 Kilohertz und 28 – 38 Kilohertz begann sich *Bacillus carboniphilus* zu teilen, und die Kolonie wuchs. Noch erstaunlicher war jedoch die Erkenntnis, dass die Bakterienart *Bacillus subtilis* in diesen Tonhöhen akustische Informationen sendet, die auch im Labor bei *Bacillus carboniphilus* zu einem »Bakterienauflauf« führte. Kann das ein Zufall sein? Die Wissenschaftler vermuten, dass Bakterien akustische Signale nutzen, um Nachbarzellen zur Teilung anzuregen. So ist die Zellteilung besonders dann sinnvoll, wenn sich die Bedingungen, unter denen die Mikroorganismen gerade leben, verändern und »stressiger« werden. Eine vermehrte Zellteilung erhöht dann die Wahrscheinlichkeit, dass sich unter den Nachkommen zufällig einige Unterschiede im Bauplan ergeben. Für mich wieder einmal ein Beweis dafür, dass alles, was lebt, Informationen sendet und empfängt und somit auch kommuniziert!

4 Mehrzeller – Die Sprache der Pilze und Pflanzen

Schweigen im Walde

Da ging ich heut im Walde wo,
da war's so still, so still, – o so –,
dass, als ich mir
das Herze nahm
zu sagen: O wie still ist's hier!
nur Flüstern mir vom Munde kam.

Christian Morgenstern

Gleich hinter meinem Arbeitszimmer beginnt ein Mischwald mit Buchen, Eichen und Ahornbäumen – wie wäre es mit einem kleinen Spaziergang? Es ist Frühling, und die kleinen Blätter an den Buchen tauchen den Wald in ein intensives Grün. Der Boden ist dicht mit Moos bedeckt, und der Duft von Bärlauch hängt in der Luft. Entgegen dem Gedicht von Christian Morgenstern ist ein Wald gar nicht so schweigsam, wie es auf das erste »Hinhorchen« den Anschein hat. Dabei ist es nicht nur der Wind, der durch die Blätter streicht und sie rascheln lässt, oder der Regen, der auf Blüten tropft. Lebewesen wie die Pflanzen tauschen gezielt Informationen mit Einzellern, Pilzen oder Tieren in ihrer Umgebung aus. In diesem Kapitel geht es nun um die Frage, welche Kommunikationsstrategien die grünen Wesen um uns herum täglich verwenden.

Typisch Pflanze

Aus den Algen im Wasser entwickelten sich in den letzten Jahrmillionen Lebewesen, die auch außerhalb des Wassers überlebensfähig sind: die Landpflanzen. Nicht mehr vom lebensnotwendigen Nass umgeben, bildeten sie Transportsysteme wie Wurzeln, Stängel und Blätter aus. Auf der Oberfläche der Pflanzen befinden sich die Empfangsstationen (Rezeptoren), die ständig Informationen aus der Umgebung aufnehmen. Anhand dieser aufgenommenen Informationen richten sich Pflanzen im Laufe ihres Wachstums immer wieder neu aus, um sich mit allem zu versorgen, was sie für das Überleben brauchen.

In unserem Wald teilen sowohl Moose, krautige Pflanzen als auch Bäume die typischen Merkmale aller pflanzlichen Lebewesen: Sesshaftigkeit, Fotosynthese und eine starre Zellwand. *Sesshaftigkeit*, weil die Landpflanzen sich nicht vom Fleck bewegen und, ausgenommen die Moose (sie besitzen nur wurzelähnliche Zellen), mit ihren Wurzeln im Boden verankert sind. *Fotosynthese*, weil Pflanzen aus Sonnenenergie, Kohlenstoffdioxid, Wasser und Mineralstoffen ihre eigene Nahrung herstellen. Tiere und Pilze sind dazu nicht in der Lage und auf andere Lebewesen für die Aufnahme chemischer Energie angewiesen. *Zellwand*, weil alle pflanzlichen Zellen zusätzlich zur Zellmembran noch eine Zellwand besitzen, die ihnen Stabilität verleiht und übermäßige Wasserabgabe an die Umgebung verhindert. Die pflanzlichen Zellen sind wie bei den Pilzen und Tieren auch vom Typ »Eucyte« und besitzen somit einen echten Zellkern.

Ein Bummel durch das Reich der Pflanzen

Nicht alle Pflanzen haben Blätter, Wurzeln und eine Sprossachse, wie der Stamm bei Bäumen oder der Stängel bei zarten Gräsern. Das Modell »Moos« zum Beispiel ist die vergleichsweise einfache Version einer Landpflanze und besitzt noch keine Wurzeln, um sie wie die »großen« Landpflanzen tief in der Erde zu verankern. Die meist nur wenige Zentimeter großen Moose wachsen nah am Boden und halten sich dort mit ihren wurzelähnlichen Zellen namens *Rhizoide* fest. Sie brauchen für ihre Fortpflanzung eine feuchte Umgebung und nehmen aus dieser alle nötigen Nährstoffe über ihre gesamte Oberfläche auf. Was den meisten Moosen noch fehlt, haben die Samenpflanzen, die Farne und Bärlappgewächse: ein echtes Transportsystem für Wasser und darin gelöste Nährstoffe. Mithilfe von Leitungsbahnen in Wurzeln, Blättern und Sprossachse können diese Landpflanzen in Wasser gelöste Nährstoffe aus dem Boden in ungeahnte Höhen transportieren. Sie heißen daher auch *Gefäßpflanzen*. Wie hoch diese Höhen sind, konnte ich bei einem Besuch der kanadischen Westküste selbst bestaunen. Ich verbrachte einige Wochen im MacMillan Provincial Park auf der Insel Vancouver Island. Hier befindet sich ein großes bewaldetes Gebiet namens Cathedral Grove, was übersetzt so viel wie »Hain der Kathedralen« heißt. Der Name kommt nicht von ungefähr, denn über 800 Jahre alte Douglasien ragen in diesem Wald wie hölzerne Kathedralen bis zu 75 Meter weit in den blauen Himmel. Der Umfang des Stamms eines solchen Riesen kann um die neun Meter betragen! Douglasien gehören übrigens wie Tannen, Fichten oder Kiefern zu den Kieferngewächsen. Die Kieferngewächse sind wiederum Nackt-

Pflanzen zeichnen sich durch Sesshaftigkeit, Fotosynthese und eine starre Zellwand aus. Der Zweig eines immergrünen Kampferbaumes *(Cinnamomum camphora)*. Kampferbäume gehören zur Pflanzenfamilie der Lorbeergewächse.

samer, während die Blütenpflanzen Bedecktsamer sind. Was es mit den Samen auf sich hat und worin der Unterschied besteht, schauen wir uns später noch genauer an. Lassen Sie uns einen Moment im Wald verweilen und uns der Frage widmen: »Kann man den essen, oder ist der giftig?«

Pilze – weder Tier noch Pflanze

Bestellen Sie eine Pizza Funghi, dann ist klar, was auf Sie zukommt: Pizza mit Champignons. So ist *Fungi* tatsächlich die in der Wissenschaft gebräuchliche Bezeichnung für die »echten« Pilze. Ursprünglich teilten Naturforscher wie der schwedische Botaniker Carl von Linné die Natur in das Reich der Pflanzen und das Reich der Tiere ein. Mit den Pilzen wussten die Gelehrten lange nicht so recht, wohin – zeitweise ordneten sie diese Lebewesen sogar den Mineralien zu. Bis ins späte 20. Jahrhundert war vor allem ihre sesshafte Lebensweise Grund genug, dass die Naturforscher sie den Pflanzen zuteilten. Was sich nicht bewegte, konnte ja kein Tier sein! Den modernen Methoden der Biochemie und Genetik sei Dank, erhielten wir Menschen im Laufe der Zeit neue Einblicke in die Vielfalt der Natur. Heute wissen wir: Pilze nehmen neben den Tieren und Pflanzen ein eigenes Reich ein. Sie haben zwar wie Pflanzen feste Zellwände, sind jedoch aufgrund einiger Merkmale näher mit den Tieren verwandt.

So kommt bei ihnen ein Stoff vor, der bis dato nur bei Tieren bekannt war – das *Chitin*. Chitin ist ein recht hartes stickstoffhaltiges Material und verleiht vor allem Insekten eine feste Panzerung. Chitin bringt somit nicht nur mehr Halt in das Körpergerüst der Tiere, es greift auch den Pilzen stützend »unter die Arme«. Pilze bestehen aus einzelnen Zellfäden, die sich wie die Straßen einer Stadt ihren Weg durch den Erdboden bahnen. Diese Fäden verzweigen sich und können theoretisch unbegrenzt weiterwachsen, solange günstige Bedingungen vorliegen und Nährstoffe zur Verfügung stehen. So nehmen diese Netzwerke aus Zellfäden beeindruckende Ausmaße an. Den Vertreter der Hallimasch-Pilze mit Namen *Armillaria ostoyae* haben wir bereits am Anfang des Buches angetroffen. Es handelt sich um einen unterirdisch wachsenden Pilz, der mit seinen Netzwerken aus Zellfäden in einem amerikanischen Nationalpark mehrere Hundert Hektar Fläche einnimmt. Der Begriff Hallimasch, was so viel bedeutet wie »Hall im Arsch«, verweist wohl nicht nur auf die abführende Wirkung des Pilzes. In der Bekämpfung von Hämorriden soll ein Hallimasch-Aufguss schnell für Linderung und somit anstelle von »Hall« für »Heil« im Arsch sorgen.

Was wir Menschen gern als Pilz bezeichnen und uns schmecken lassen, ist übrigens nur die Frucht des Pilzes – der eigentliche »Pilz« befindet sich im unterirdischen Teil. Der oberirdische Fruchtkörper der Ständerpilze entsteht durch das Verflechten der Pilzfäden zu den unterschiedlichsten Formen: von knollig-runden Pilzen wie den Bovisten bis zu hutförmigen Schirmpilzen. Nachdem wir nun einen kleinen Überblick über die Pflanzen und Pilze bekommen haben, ist es Zeit, sich die Kommunikation dieser Wesen genauer anzuschauen. Sie werden sehen, dass die »Gesprächsthemen« der Einzeller, Pflanzen, Pilze und Tiere im Grunde immer dieselben sind.

Bestell doch mal 'nen Happen!

Pflanzen haben eigentlich gar keinen Grund, auf die Jagd zu gehen, denn schließlich können sie mittels Fotosynthese in der Regel ausreichend Nahrung für sich selbst herstellen. Es gibt allerdings einige Ausnahmen, die sich gern eine tierische Mahlzeit einverleiben und für ihr Überleben sogar auf die Extraportion Eiweiß angewiesen sind. Pilze hingegen haben gar keine andere Wahl, als auf andere Lebewesen zurückzugreifen. Ähnlich wie viele Einzeller ernähren sich auch Pilze oft von totem »Essen«. Sie bevölkern den Waldboden, um dort Blätter, Äste und sogar ganze Baumstämme zu zerlegen. Der Gemeine Köpfchenschimmel *(Mucor mucedo)* mag besonders gern Brot, während andere Pilzkollegen reifes Obst oder den Kot von Tieren bevorzugen – über Geschmack lässt sich ja bekanntlich nicht streiten. Pilze wie die Porlinge oder Zunderschwämme

»wohnen« hingegen als Parasiten auf noch lebenden Organismen. Typisch Parasit, sind sie besonders gut im Nehmen und sehr schlecht im Geben. So dringen sie mit ihren Zellfäden in Pflanzenzellen ein und verk[ö]stigen sich an den dort produzierten Nährstoffen, ohne der Pflanze dafür einen Dienst zu erweisen. Bevor wir so richtig in das Thema einsteigen, möchte ich Sie zunächst auf einen Kinobesuch mitnehmen. Es gibt da nämlich einen Film über eine gefräßige Pflanze, den ich Ihnen gern zeigen möchte.

Blutrünstiges Blattwerk im Blumengeschäft

Ich bin ein Fan alter Filme, und zum Thema Fressen und gefressen werden fiel mir gleich der Streifen *Der kleine Horrorladen* (Originaltitel: *Little Shop of Horrors*) von Frank Oz ein. In dem Film von 1986 geht es um eine merkwürdige Pflanze in einem amerikanischen Blumenladen. Das Geschäft schreibt schon seit geraumer Zeit rote Zahlen, und der Inhaber Mr. Mushnik sowie seine Angestellten Audrey und Seymor müssen sich etwas einfallen lassen, um die drohende Insolvenz abzuwenden. Eine besonders exotische Pflanze soll dem Geschäft frischen Wind verleihen und wieder mehr Kunden anlocken. Der Plan geht auf, und das kuriose Gewächs im Schaufenster lässt Mr. Mushniks Blumenladen tatsächlich wieder florieren. Das Glück währt jedoch nicht lange, und alsbald schon lässt Audrey II – so der Name der Pflanze – ihre Blätter hängen. Seymor kümmert sich gut um den Kundenliebling seines Chefs, doch weder Wasser noch Dünger stellen die Pflanze zufrieden. Es gibt nur eine Sache, die Audrey II mag: Blut! Die tägliche Dosis des roten Lebenssaftes lässt die Pflanze wieder aufblühen, doch ihr Hunger nach Blut wird unbändig: Audrey II übernimmt die Kontrolle über Laden und Blumenhändler.

Alles nur Science-Fiction aus der amerikanischen Filmschmiede? Keineswegs! Was hier sehr überspitzt gezeigt wird, ist das alltägliche Geschäft fleischfressender Pflanzen. Die gefräßigen Gewächse kommen oft in nährstoffarmen Lebensräumen wie Mooren oder sandigen und steinigen Böden vor. Eine Mahlzeit in Form eines Einzellers, Insekts oder sogar eines kleinen Säugetieres ist da eine sinnvolle Ergänzung des Speiseplans. Not macht bekanntlich erfinderisch, und so sind fleischfressende Pflanzen mit allerhand »Jagdwerkzeugen« ausgerüstet, um ihrem Imbiss den Garaus zu machen. Die meisten räuberischen Tiere können ihre Beute dank Muskelkraft aufsuchen und notfalls verfolgen, doch wie kommt eine festgewachsene Pflanze an ihre tägliche Portion Fleisch? Was würden Sie tun, wenn Sie das Haus nicht verlassen wollen oder können, aber dennoch Essen brauchen? Leben Sie nicht gerade wie ich in einem brandenburgischen Dorf außerhalb des Radius eines jeden Lieferanten, können Sie den Bestelldienst anrufen, der Ihre Lieblingsspeise bis zur Haustür bringt. Für Ihre Bestellung braucht es lediglich ein paar Informationen darüber, was Sie essen wollen und wohin die Lieferung gehen soll.

Die Geschichte vom Sonnentau

Fleischfressende Pflanzen übermitteln Informationen in Sachen Essensbestellung direkt und ohne Umschweife an die noch lebende Mahlzeit – und das oft rund um die Uhr! Wie das genau funktioniert, möchte ich Ihnen an zwei Beispielen erklären. Im ersten Fall führt es uns an einen nahe gelegenen See meines Heimatdorfes, der den verheißungsvollen Namen »Teufelssee« trägt. Der Volksmund erzählte sich gruselige Geschichten über diesen Ort, der sich mitten im Wald befindet und oft von Nebelschwaden umgeben ist. Hier trifft sich angeblich des Nachts der Teufel mit seinen Hexen und feiert ausgelassene Partys – wenn das kein guter Platz für eine fleischfressende Pflanze ist?! Ich nehme Sie gern mit an diesen Ort, doch Sie müssen vorsichtig sein und langsam einen Fuß vor den anderen setzen. Der nur wenige Zentimeter große Rundblättrige Sonnentau *(Drosera rotundifolia)* ist unscheinbar und kann schnell übersehen werden. Sein unschuldiger Name täuscht allerdings, denn im dichten Moor wartet er auf seine Beute.

Die Blätter des Sonnentaus sind mit vielen Drüsen besetzt, die ein klebriges Sekret ausscheiden. Dieses Sekret ist namensgebend, denn es beginnt wie Tautropfen zu glitzern, sobald die Strahlen der Sonne darauftreffen. Das Glitzern zieht Insekten an, die sich auf dem Sonnentau niederlassen und direkt daran hängen bleiben. Das Sekret ist wie ein flüssiger Klebstoff, und sobald Insekten nur eines ihrer sechs Beinchen auf der Oberfläche der Pflanze absetzen, ist es zu spät, und sie enden als proteinreicher Insektenimbiss. Was dann kommt, steht einem Horrorfilm in nichts nach: Ein Blatt des Sonnentaus rollt sich langsam um die Beute und öffnet sich erst wieder, wenn das Opfer darin komplett verdaut und somit spurlos verschwunden ist.

Volle Kanne in den Tod

Dramatisch geht es auch im Dickicht der tropischen Regenwälder Südamerikas zu. Hier ist die Heimat der Kannenpflanzen, und wie der Name schon erahnen lässt, ähneln die Vertreter dieser tropischen Gewächse in ihrem Aussehen einer Kanne. Diese Kanne formt sich aus einem Blatt und enthält gewöhnlich eine Flüssigkeit zur Verdauung lebender Beute, die in die Kanne fällt und dort ertrinkt. Die Kannenpflanzen sorgen auf vielerlei Weise dafür, dass ihre Beute tatsächlich den Weg in die tödliche Falle findet. Zunächst geizen sie nicht mit optischen Reizen, und besonders der Rand der Kanne sendet optische Informationen, auf die Insekten im wahrsten Sinne des Wortes »fliegen«. So reflektiert die Oberfläche des Kannenrands andere Wellenlängenbereiche des Lichts als der restliche Teil des Blattes und hebt sich somit deutlich optisch hervor. Diese »Leuchtwerbung« am Rand der Kannenpflanze hat ihren Sinn: Normalerweise wird Nektar in den Blüten gebildet, doch bei diesen Pflanzen klebt der süße Saft wie bei einem Cocktailglas am Rand des Kannenblatts. Einige Kannenpflanzen gehen auf Nummer sicher, indem ihr Nektar und sogar die in der Kanne befindliche Verdauungsflüssigkeit mit einem für Insekten unwiderstehlichen Geruch einparfümiert ist. Dieser Duft wirkt wie eine Aufforderung an die Beute, sich direkt per Haus selbst auszuliefern. Der Nektar erfüllt noch eine weitere Aufgabe für die Kannenpflanze.

Die Zellen auf der Oberfläche des Kannenrands überlappen sich und formen auf diese Weise kleine Stufen, die in Richtung des Inneren der Kanne verlaufen. Bedeckt der Nektar diese Stufen gleichmäßig, wird aus der Oberfläche des Kannenrands eine einzige Rutschbahn. In Kombination mit Regenwasser haben die nektarbedeckten Stufen in etwa denselben Effekt auf Insektenbeine wie der Wasserfilm einer Straße auf unsere Autoreifen. Der Film aus Wasser auf der Fahrbahn lässt die Autoreifen ihre Haftung auf dem Untergrund verlieren, und das Auto kommt ins Schleudern. Dieser Aquaplaning-Effekt ist es auch, der Beutetiere auf der Oberfläche der Kannenpflanzen ins Schleudern bringt. Sobald die Kannenpflanzen ihren potenziellen Imbiss durch einen zuckersüßen Köder angelockt und ins Rutschen gebracht haben, ist die Sache schon so gut wie gegessen. Der süße Weg ist eine Einbahnstraße und führt schnurstracks in die Tiefen der Kanne. Hier unten angekommen, hilft auch keine Bergsteigeraktion à la Reinhold Messner mehr, denn auch hier sind die Kannenwände viel zu glatt, als dass sie den Insektenbeinen Halt bieten könnten. Ein Deckel auf der Kanne verhindert, dass die Beute trotz glatter Wände doch noch entwischt.

Diese tropischen fleischfressenden Pflanzen sind bestens für die Verdauung ihrer Beute ausgerüstet. Mit einem Fassungsvermögen von bis zu zwei Litern halten sie einen tödlichen Cocktail aus saurer Flüssigkeit und Verdauungsenzymen für ihren Fang bereit. Die Fleischeinlage in den Kannenpflanzen lockt noch weitere Gäste an den gedeckten Tisch, zum Beispiel die Ameisenart *Camponotus schmitzi*. Sie ist in der Lage, auf der rutschigen Oberfläche der Kannenpflanzenart *Nepenthes bicalcarata* zu laufen, ohne dabei den Halt zu verlieren. Mehr noch, *Camponotus schmitzi* übersteht sogar unbeschadet ein Bad in der Verdauungsflüssigkeit der Kannenpflanze und kann darin bis zu 30 Sekunden auf Tauchstation gehen. Der Kanneninhalt ist für diese Ameisenart wie ein Schlaraffenland, denn oftmals fallen deutlich mehr Insekten in die Kanne, als von der Pflanze verdaut werden können. Die Ameisen sind jedoch wählerisch und machen sich nur über besonders große Insekten aus ihrem Beutespektrum, wie beispielsweise Raubwanzen, Schaben oder andere Ameisen, her. Diese transportieren sie – notfalls in Teamarbeit – auf den bis zu fünf Zentimeter entfernten unteren Rand der Kanne. Dort zerlegen die Ameisen ihre Beute in Ruhe und lassen die Reste einfach wieder in die Verdauungsflüssigkeit der Kanne fallen.

Camponotus schmitzi findet in der Kannenpflanze nicht nur einen zuverlässigen Lieferanten für Nahrung. Die hohlen Ranken von *Nepenthes bicalcarata* bieten auch einen sicheren Ort für die Anlage der Ameisennester. Und was hat nun die Kannenpflanze von ihren Nahrungsmittel stehlenden Untermietern? Die Ameisen wissen, was sich gehört, und erweisen in typischer Symbiosemanier ihrem Wirt einen Dienst – sie putzen und räumen auf! Was mit unverdauter Nahrung passiert, haben Sie vielleicht schon am eigenen Leibe erlebt: Sie beginnt zu faulen und verströmt einen üblen Geruch. Die regelmäßigen Putzaktionen der Ameisen helfen der Kannenpflanze dabei, dass sich diese Fäulnisprozesse in Grenzen halten. Biologen der Universität Cambridge fanden in Versuchen heraus, dass Kannenpflanzen, die von *Camponotus schmitzi* besiedelt sind, zudem fast doppelt so viel Beutetiere fangen wie Kannenpflanzen vergleichbaren Alters ohne die Ameisenmitbewohner. Das liegt vor allem daran, dass die Ameisen den Rand der Kanne von Überresten toter Insekten oder anderem Schmutz befreiten und somit die »Aquaplaning-Funktion« aufrechterhalten.

Bleiben wir noch kurz bei den Kannenpflanzen, weil sie – wie ich finde – eines der faszinierendsten Beispiele für die Interaktion zwischen Pflanzen und Tieren sind. Die Kannenpflanze *Nepenthes rajah* kommt nur im indonesischen Borneo vor und ist ein besonders interessantes Exemplar unter den fleischfressenden Pflanzen. So interessant, dass sie einem Team vom Senckenberg Forschungszentrum für Biodiversität und Klima in Frankfurt am Main 413,5 Stunden Videomaterial wert war. Die Wissenschaftler filmten 42 »ausgewachsene« Kannenpflanzen im Regenwald Borneos und staunten nicht schlecht, als sie auf den Videos regelmäßige Besuche von kleinen Säugetieren an den Pflanzen sahen. Im Durchschnitt näherten sich alle vier Stunden ein Hochland-Spitzhörnchen oder eine Kinabalu-Ratte der Pflanze an. Was könnten Spitzhörnchen und Ratte von der Kannenpflanze wollen, oder andersherum gefragt, was interessiert die Pflanze an den bis zu 20 Zentimeter

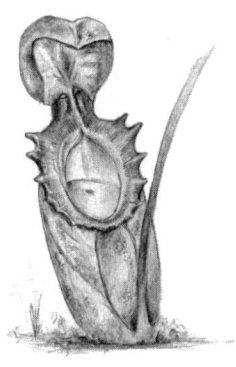

Die in den Regenwäldern Südamerikas vorkommenden Kannenpflanzen sind fleischfressende Pflanzen. Eines ihrer Blätter hat sich zu einer Kanne geformt, in der sich eine Flüssigkeit befindet, die Insekten verdauen kann. Die Beute rutscht auf der glatten Oberfläche des Kannenrandes aus und kann nicht mehr aus eigener Kraft aus der Kanne entkommen.

großen Säugern (ohne Schwanz)? Tatsächlich befand sich in einer der untersuchten Kannenpflanzen ein totes Spitzhörnchen. Die Forscher gaben sich nicht mit Videoaufzeichnungen zufrieden. Im Labor schauten sie sich die von den Pflanzen ausgesendeten Duftstoffe genauer an und nahmen eine Probe vom Deckel der Kannenpflanze. Sie konnten mehr als 44 verschiedene Duftkomponenten ausfindig machen! Der Mix aus diesen Duftstoffen erzeugt einen Geruch, der irgendwo zwischen süßen Früchten und Blüten liegt und mitten in die Empfangsstation der kleinen Säugetiere für chemische Information trifft. Mehr noch: Die Forscher beobachteten, dass Spitzhörnchen und Ratte gern ihre Notdurft in der Kannenpflanze verrichten. Der tierische Kot und Urin zieht wiederum Fliegen und Mücken an. So hat es die Kannenpflanze wohl in erster Linie auf Insekten als Nahrung abgesehen und nicht unbedingt auf das weitaus schwerer zu verdauende Hochland-Spitzhörnchen – doch wer weiß schon, welche Geheimnisse der indonesische Regenwald so alles birgt!

Pilze gehen unter die Fallensteller
Geheimnisvoll geht es nun in den Tiefen des Erdreiches mit einer Geschichte weiter, die ich kaum glauben konnte, als ich das erste Mal davon hörte. Hier unten, wo es dunkel und ruhig ist, treffen

wir auf ein sehr ungleiches Kommunikations-Paar: Pilz und Fadenwurm. Beide verbindet ebenfalls das Gesprächsthema »Essen«, allerdings wette ich, dass Sie überrascht sein werden, auf welche Weise! So ist es wieder der Mangel an Nährstoffen, der den Sender zum Fleischfresser werden lässt, und – so viel sei verraten – der Mörder ist nicht der Fadenwurm! Es gibt mindestens 160 Pilzarten, die räuberisch unterwegs sind und es auf Fadenwürmer abgesehen haben. Doch wie kann ein Pilz einen Wurm überwältigen?

Wir erinnern uns an die Zellfäden, aus denen die Pilze bestehen. Einige Pilze »basteln« aus diesen Zellfäden Schlingfallen, die sich im Boden befinden und wie eine Art chinesische Fingerfalle funktionieren. Die Zellfäden liegen zunächst locker in der Erde, doch sobald sich ein ahnungsloses Würmchen darin verfängt, verändert sich die Dicke der Fäden. Wie eine Schlinge ziehen sich die Zellwände der Pilze immer enger um das zappelnde Opfer. Wir könnten argumentieren, dass die Würmer selbst schuld sind, wenn sie nicht aufpassen, wo sie hinkriechen. Ist beispielsweise der Pilz *Arthrobotrys dactyloides* in der Nähe, haben die Fadenwürmer mit dem Namen *Panagrellus redivivus* gar keine andere Wahl, als in die Falle zu kriechen. Dieser Pilz ist einer von mindestens 23 Arten, die Duftstoffe aussenden, welche beim Empfänger zu einer Verhaltensänderung führen und die Würmchen direkt in die Falle locken!

Mykorrhiza – eine Freundschaft zwischen Pilz und Pflanze

Die Nahrungsbeschaffung bei Pflanze und Pilz muss nicht zwangsläufig mit Ertränken und Erwürgen enden. Auch hier gibt es den friedlichen Umgang zweier Lebewesen unterschiedlicher Art – die *Symbiose*. Die wohl bekannteste »Liebesgeschichte« spielt sich zwischen Pilz und Pflanze ab und trägt den Namen *Mykorrhiza*. Wissenschaftler vermuten, dass mehr als 80 Prozent der Pflanzen auf dem Land ein Tauschgeschäft mit Pilzen eingehen und dass diese Verbindung bereits seit über 120 Millionen Jahren besteht. Je nachdem, wie der Pilz sich mit der Pflanze verbindet, unterscheiden wir zwischen *Ektomykorrhiza* und *Endomykorrhiza*.

Die Pilzpartner der Ektomykorrhiza umwachsen mit ihren Zellfäden die Wurzelzellen ihrer Pflanzenpartner und dringen teilweise auch in die Zwischenräume der Zellen ein. Das Netzwerk aus entstehenden Pilzzellen zwischen den Wurzelzellen heißt *Hartig'sches Netz*. Meist sind es Ständerpilze wie beispielsweise Fliegenpilze oder Steinpilze, die sich bei dieser Form der Mykorrhiza mit Bäumen wie Kiefern oder Eichen in unseren Breitengraden verbinden. Die Endomykorrhiza hingegen kommt häufiger zwischen Pilzen und Orchideengewächsen vor. Hier dringen die Zellfäden des Pilzes bis in die äußeren Wurzelzellen der Pflanze ein und formen dabei ovale Strukturen. Das Tauschgeschäft besteht nun im Idealfall darin, dass die Pflanze Nährstoffe an den Pilz abgibt, während dieser seinem Pflanzenpartner hilft, Wasser und andere Nährstoffe aus dem Boden aufzunehmen. Mit seinen feinen Zellfäden stellt der Pilz eine Vergrößerung der Wurzeloberfläche dar. Der Pilz ist für die Pflanze vor allem in »stressigen« Zeiten ein zuverlässiger Partner, denn er verleiht ihr beispielsweise eine größere Toleranz gegenüber Trockenheit und erhöht ihre Widerstandskraft gegenüber Schädlingen.

Pilze helfen ihrem Symbiosepartner sogar bei der Entgiftung. Sie geben kleine Moleküle in den Boden ab, die beispielsweise Schwermetalle binden. Apropos Bindung – wie finden Pilz und Pflanze eigentlich zusammen, und was ist das Geheimnis für eine oft lebenslange harmonische Mykorrhiza-Beziehung? Sie können es sich vielleicht schon denken: Kommunikation, Kommunikation und nochmals Kommunikation! Der Pilz »Bärtiger Ritterling« *(Tricholoma vaccinum)* ist so ein Mykorrhiza-Pilz und aus Sicht der Biokommunikation besonders spannend, denn er spricht genau die Sprache seiner Wirtspflanze. Der Ritterling bildet eine Symbiose mit Bäumen in Misch- und Nadelwäldern aus, darunter auch der Gewöhnlichen Fichte *(Picea abies)*. Mikrobiologen der Universität Jena fanden heraus, dass dieser Pilz denselben chemischen Stoff mit Namen »Indol-3-Essigsäure« produziert, den auch Pflanzen für das Wachstum ihrer Zellen bilden. Die Ritterlinge senden die Indol-3-Essigsäure immer dann aus, wenn sie ihren Baumpartner zum Zellwachstum »überreden« möchten. Je mehr Pflanzenzellen vorhanden sind, desto besser kann sich auch der Pilz mit seinem Symbiosepartner vernetzen und somit Nährstoffe aufnehmen. Doch auch der Bärtige Ritterling reagiert auf die ausgesendete Indol-3-Essigsäure seines Baumpartners: Seine Zellfäden verlängern sich und bilden eine stärkere Verzweigung aus. Je mehr sich der Pilz verzweigt, desto enger ist auch die Verbindung mit seinem Baumpartner über das *Hartig'sche Netz*. So ist es unter anderem diesem regen Dialog zwischen Pilz und Pflanze zu verdanken, dass der Wald als Lebensraum über die letzten Jahrmillionen existiert.

Pflanzen à la card

Pflanzen stehen bei vielen Lebewesen auf dem Speisezettel ganz oben und befinden sich somit an vorderster Futterfront. Während die meisten Tiere die Auswahl zwischen Kämpfen, Fliehen und Totstellen haben, bleibt den sesshaften Pilzen und Pflanzen nur die Option Kampf! Ausgestattet mit einem Waffenarsenal aus Stacheln, Dornen oder fiesen Giftstoffen, ziehen viele Pflanzen tapfer in die Schlacht und wissen sich gegen Fressfeinde aller Größenordnungen zu wehren. Und wenn alles nichts mehr hilft, senden die besonders kommunikativen unter ihnen kurzerhand ein chemisches Signal, um tierische Verstärkung zu rufen.

Pflanzen ziehen in den Kampf
Es ist ja nicht so, dass Pflanzenfresser nicht wüssten, worauf sie sich einlassen. Die grünen Geschöpfe stellen ihre Waffen öffentlich zur Schau mit der klaren Botschaft »Keinen Schritt weiter, sonst geht es dir schlecht!«. So besitzen viele Gewächse scharfkantige Blätter, die wie ein Sägeblatt »Zähne« haben. Kratzdisteln, Kakteen oder Brennnesseln halten ungebetene Gäste mit Stacheln oder Borstenhaaren an Stängel und Blättern von sich fern. Mit Kieselsäure verstärkt, sind diese Haare stabil wie kleine Speere und verteidigen ihre Burg Pflanze vor Angreifern wie Schnecken oder Raupen. Jeder von uns hat wahrscheinlich schon selbst Erfahrung mit solchen

Abwehrmechanismen gemacht: Die Brennhaare der Brennnessel sind eigentlich Drüsenzellen und besitzen eine sehr interessante Konstruktion, die sie zu wirkungsvollen Waffen macht. Am Ende der Drüsenzelle sitzt eine Art rundliches Köpfchen, das leicht bei Berührung abbricht und im Fleisch des Angreifers stecken bleibt. Hier entleert sich auch der Inhalt des Köpfchens – ein Gemisch aus chemischen Stoffen, das ein unangenehmes Brennen auslöst. Chemische Kampfstoffe setzen auch viele andere Pflanzen ein, allen voran die Frühjahrsblüher. So ist besonders in den Monaten März, April und Mai Obacht im Wald angesagt, wenn Krokus und Mai- oder Schneeglöckchen den Frühling einläuten. Die Blüten und Früchte des Maiglöckchens können nach dem Verzehr sogar uns Menschen gefährlich werden und zu Durchfall, Schwindel oder in extremen Fällen zum Herzstillstand führen. Wie gezielt Pflanzen diese chemischen Kampfstoffe in der Abwehr ihrer Widersacher einsetzen, zeigt das folgende Beispiel der Blütenpflanze »Acker-Schmalwand«.

Der Lauschangriff der Acker-Schmalwand

Die Acker-Schmalwand *(Arabidopsis thaliana)* kommt häufig in unseren heimischen Gefilden vor und gehört zu den Kreuzblütlern. Insbesondere die Raupen der Schmetterlingsart Kleiner Kohlweißling *(Pieris rapae)* verköstigen sich gern an den Blättern der Acker-Schmalwand – doch nicht ungestraft! So wehrt sich die Pflanze aktiv gegen den Befall von Raupen, indem sie postwendend chemische Informationen mit dem Inhalt »Mach dich bloß vom Acker!« sendet. Wissenschaftler der Universität in Missouri, USA testeten im Labor eine mögliche Erklärung dafür, woher der Acker-Schmalwand »weiß«, dass sich Raupen über seine Blätter hermachen und es allerhöchste Zeit zur Verteidigung ist. Kann es wirklich sein, dass die Pflanze den Raupenbefall aufgrund der Fressgeräusche an ihren Blättern erkennt?

Zunächst nahmen die Wissenschaftler Geräusche von fressenden Raupen an befallenen Acker-Schmalwand-Pflanzen auf. Diese Geräusche spielten sie ausgewählten Blättern auf bisher noch 22 unbefallenen Testpflanzen mittels kleiner Lautsprecher vor. Im Kontrollexperiment statteten sie weitere Testpflanzen mit den Mini-Lautsprechern aus, allerdings waren diese stumm und spielten keine Fressgeräusche ab. Nach zwei Stunden Raupen-Hörspiel reagierten die Laborpflanzen tatsächlich mit einem höheren Gehalt an chemischen Abwehrstoffen im Vergleich zu den unbeschallten Kontrollpflanzen. Die »Empfangsgeräte« der Blätter für Druck sind dabei so genau, dass sie unterscheiden können, wer oder was die mechanischen Schwingungen auf ihnen verursacht. So zeigten sich in weiteren Versuchen keine vergleichbaren Abwehrreaktionen auf Vibrationen, die an den Blättern der Acker-Schmalwand durch Wind entstehen. Das Windspiel in den Blättern erzeugt ein ganz anders akustisches Muster als das der knabbernden Raupen.

Doch was ist mit Geräuschen, die mit denen der Kohlweißling-Raupen vergleichbar sind? Selbst die Paarungsrufe eines Grashüpfers, die aus akustischer Sicht den Fressgeräuschen der Raupen ähneln, erkannte die Pflanze als harmlos an und löste keine vergleichbare Raupen-Abwehrreaktion aus. Mit Raupenbefall muss sich auch unser nächster Kandidat herumschlagen, und er hat dafür eine ganz besondere Kommunikationsstrategie entwickelt.

Um Hilfe rufende Tabakpflanzen

Vor Fressfeinden wie den unersättlichen Raupen schützen sich viele Tabakarten mit dem Nervengift *Nikotin*. Das Nikotin lähmt die Raupen oder verdirbt ihnen im wahrsten Sinne des Wortes den Appetit – wer beißt schon gern in eine alte Kippe? Im Wettlauf zwischen Räuber und Beute gibt es jedoch immer wieder Tricks und Kniffe, wie Tiere die Verteidigungsmechanismen von Pflanzen umgehen. Den Raupen des Tabakschwärmers *(Manduca sexta)* macht das Nikotin beispielsweise gar nichts aus – sie schwärmen sozusagen dafür und ernähren sich mit Vorliebe von den Blättern des Tabaks. *Nicotiana attenuata* ist der lateinische Name für einen aus Sicht der Biokommunikation besonders spannenden Vertreter der Tabakpflanzen, die wie die Kartoffel oder Tomate zu den Nachtschattengewächsen gehören. *Nicotiana attenuata* ist auch als Koyoten-Tabak bekannt und lässt sich das Durchbrechen seines Schutz-walles durch die Raupen des Tabakschwärmers nicht einfach so gefallen – er ändert einfach seine Verteidigungsstrategie!

Anhand des Speichels unterscheidet der Tabak, welcher Fress-feind sich gerade über ihn hermacht. Sobald eine Raupe des Tabak-schwärmers an den Blättern knabbert, sind chemische Stoffe im Speichel ein Zeichen für die Pflanze, biochemische Reaktionen im Blatt in Gang zu setzen. Als Ergebnis dieser Reaktionen bildet der Koyoten-Tabak Stoffe, die den Raupen sprichwörtlich schwer im Magen liegen und ihre Verdauung außer Betrieb setzen. Ist den Raupen auch damit nicht mehr beizukommen oder gesellen sich sogar noch andere Fressfeinde um den Tisch, sendet der Tabak kur-zerhand chemische Signale los, um Hilfe zu rufen. Die Hilferufe gelten den Empfängern Raubwanze und Wespe, und diese wissen auch sofort, was zu tun ist. Die Raubwanzen fackeln nicht lange und verköstigen sich nicht nur an den Eiern der Raupen des Tabak-schwärmers – sie befreien die Tabakpflanze auch von anderen läs-tigen Fressfeinden wie Flohkäfern oder Blattwanzen. Die Wespen hingegen legen ihre Eier in die Raupen des Tabakschwärmers ab. Sobald der Wespennachwuchs das Licht der Welt erblickt hat, fin-det er direkt einen reich gedeckten Tisch vor. Pflanzen wie der Mais oder die Limabohne rufen ebenfalls tierische Verstärkung her-bei, wenn es um den Kampf gegen unliebsame Gäste geht. Ist die Limabohne *(Phaseolus lunatus)* mit den Spinnmilbenarten *Tetrany-chus urticae* und *Tetranychus viennensis* befallen, lockt sie mittels chemischer Signale räuberische Milbenarten zu sich. Die Raubmil-ben *Phytoseiulus persimilis* und *Metaseiulus occidentalis* vertilgen mit Vorliebe die Spinnmilben und nehmen die Essenseinladung der Limabohne nur zu gern an.

Bleiben wir noch einen Moment beim Tabak, denn es gibt noch andere Insekten, die ihm zu schaffen machen – dazu gehört auch die Mottenart mit der lateinischen Bezeichnung *Heliothis virescens*. Die weiblichen Falter legen ihre Eier auf dem Tabak ab, und sobald der Nachwuchs in Form von Larven schlüpft, beginnt dieser, sich sofort mit den Blättern des Tabaks vollzustopfen. Die gefräßigen

Raupen bleiben vom Tabak natürlich nicht unbemerkt: Sie haben nicht nur ihre ganz eigene Art, sich zu bewegen. Die Zusammensetzung ihres Speichels verrät dem Tabak ebenfalls, um welchen ungebetenen Gast es sich handelt. Als Reaktion auf so viele unersättliche Raupen wendet sich der Tabak direkt an alle »werdenden Mütter« von *Heliothis virescens* selbst. Der Laborversuch deckte den Inhalt der Kommunikation zwischen Tabak und Falter auf: Eine mit Larven befallene Tabakpflanze sendet nachts chemische Botenstoffe aus, die weitere ausgewachsene Weibchen dieser Art dazu bringen, »die Fühler« von einem befallenen Tabak zu lassen und die eigenen Eier lieber auf einer bisher unbefallenen Tabakpflanze abzulegen. Die vom Tabak gesendeten Informationen lauten wohl so viel wie: »Ich bin eine Tabakpflanze, und an mir knabbern die Raupen deiner Artgenossen.« Die vom Tabak ausgehende Kommunikation scheint auch den Faltern zu nützen – der Pflanze bleiben weitere Belastungen durch Raupenfraß erspart, und die weiblichen Motten finden schneller eine passende Kinderstube für ihren Nachwuchs. Mit dem Stichwort »Nachwuchs« kommen wir direkt zum nächsten Thema, das auch bei vielen Pflanzen und Pilzen auf der Kommunikations-To-do-Liste steht.

Sex oder kein Sex

Pilze und viele Pflanzenarten können sich sowohl ungeschlechtlich als auch geschlechtlich fortpflanzen und haben somit die Wahl zwischen »Sex oder kein Sex« – doch was genau bedeutet das eigentlich? Die ungeschlechtliche Fortpflanzung haben wir bereits bei den Einzellern kennengelernt. Durch Teilung, Knospung oder Abspaltung vermehrt sich eine Zelle. Zuvor müssen jedoch alle Zellbestandteile inklusive des eigenen Bauplans vervielfältigt werden, damit jede Tochterzelle ebenfalls mit allem Nötigen zum Überleben ausgestattet ist. Auf diese Weise entstehen aus der Mutterzelle hervorgegangene, genetisch völlig identische Nachkommen. Eine Zelle benötigt für ihre Teilung keine andere Zelle, und es gibt somit auch keine Geschlechter. So bedeutet »Sex« aus dem Lateinischen *sexus* ganz einfach *Geschlecht*. Die sexuelle Fortpflanzung heißt daher auch geschlechtliche Fortpflanzung und ist nicht nur bei uns Menschen Grund genug, in Sachen Kommunikation alle Register zu ziehen.

Treffen sich zwei Geschlechtszellen

Die geschlechtliche Fortpflanzung hat gegenüber der ungeschlecht-lichen Fortpflanzung einen klaren Nachteil: Sie dauert viel länger! Ein sich sexuell fortpflanzendes Lebewesen muss zunächst ge-schlechtsreif werden und somit in den meisten Fällen entweder eine weibliche oder eine männliche »Hardware« ausbilden. In den weib-lichen Geschlechtsorganen entstehen die weiblichen Geschlechts-zellen (Eizellen), in den männlichen Geschlechtsorganen die männ-lichen Geschlechtszellen (Spermienzellen). Erst wenn die beiden verschiedenen Geschlechtszellen miteinander verschmelzen, kann daraus ein neues Lebewesen entstehen. Damit die Rechnung auf-geht, hat sich bei der Entstehung der Geschlechtszellen ihr Bauplan durch den Vorgang der *Meiose* halbiert. Das Verschmelzen einer weiblichen Eizelle mit einer männlichen Spermienzelle ist jedoch nur eine Möglichkeit der geschlechtlichen Fortpflanzung. Bei den einfacher organisierten Lebewesen wie den Pilzen suchen wir »männ-lich« und »weiblich« vergebens und finden stattdessen bis zu meh-rere Tausende verschiedene Geschlechter. Diese Geschlechter hei-ßen Paarungstypen und bilden Geschlechtszellen aus, die sich im Gegensatz zur Ei- und Samenzelle äußerlich nicht unterscheiden. So werden die Geschlechtszellen der Pilze auch nicht mit »männ-lich« und »weiblich«, sondern mit »plus« und »minus« voneinan-der unterschieden. Ein neuer Pilz-Nachkomme entsteht, wenn zwei Geschlechtszellen unterschiedlicher Paarungstypen (also eine Plus- und eine Minus-Zelle) miteinander verschmelzen – die Auswahl ist also groß!

Welche Schritte die Natur genau gegangen ist, um von mehreren Tausend Paarungstypen bei Pilzen auf nur noch zwei Geschlechter bei Pflanzen und Tieren zu reduzieren, stellt Wissenschaftler noch immer vor ein Rätsel. Überhaupt ist die Frage nach dem Sinn sexueller Fortpflanzung noch längst nicht geklärt, denn das Zusammenfinden der Geschlechter ist nicht mal eben so erledigt – wie gesagt, Sex kostet Zeit und Ressourcen. Ein wichtiger Grund, warum die sexuelle Fortpflanzung sich dennoch entwickelt hat, ist die große Vielfalt der Nachkommen. Aus der Verschmelzung der Geschlechtszellen mit je einem halben Bauplan geht eine neue Zelle mit komplettem Bauplan hervor, und es kommt zu einer neuen Kombination von Ausprägungen eines Merkmals, beispielsweise des Merkmals Blütenfarbe. Auf diese Weise entstehen Nachkommen, die unnachahmliche Einzelstücke sind, entstanden in der Lotterie des Lebens (ausgenommen eineiige Zwillinge). Bei einer derart großen Vielfalt unter den Nachkommen steigt auch die Wahrscheinlichkeit, dass eines von ihnen selbst bei sich ändernden Bedingungen überleben wird. Diese Möglichkeit der Neukombinationen ist der Schlüssel für die schier unendliche Vielfalt an Lebewesen auf unserer Erde. Allerdings können nicht x-beliebige Bausätze miteinander verschmelzen – eine Schnecke kann sich schon aufgrund fehlender anatomischer Strukturen nicht mit einem Elefanten fortpflanzen. Selbst wenn das ungleiche Paar einen Weg findet, um die Geschlechtszellen zueinanderzubringen: Was soll bei zwei so unterschiedlichen Bausätzen herauskommen? Nach welchen Informationen soll das neue Lebewesen konstruiert werden, nach dem Bauplan für »Schnecke« oder für »Elefant«? Es sind also Lebewesen derselben Art, die sich untereinander fortpflanzen können: Hunde mit Hunden, Katzen mit Katzen, Menschen mit Menschen. Bevor wir allerdings zur Kommunikation der Geschlechter bei den Tieren kommen, geht es zunächst noch einmal um Pflanzen und Pilze.

Bestäubung der Pflanzen – wie der Pollen auf die Narbe kommt

Durch die Verschmelzung einer weiblichen Eizelle mit einer männlichen Spermienzelle entsteht auch bei den Samenpflanzen neues Leben. Dieser Neuerung verdanken die Samenpflanzen ihren Namen – sie produzieren Samen für die Vermehrung. Die Eibe und der Lebensbaum im Garten oder der jährliche Weihnachtsbaum gehören allesamt zu den »Nacktsamern«. Im Gegensatz zu den Bedecktsamern mit Blüten ist der Same bei den Nacktsamern nicht in einem Fruchtknoten eingeschlossen, er ist somit »nackt«. Denken Sie nur an einen Apfel – hier sind die Kerne wohlbehütet vom Fruchtfleisch umgeben. Damit sich die Frucht »Apfel« entwickeln kann, müssen bei den Bedecktsamern die männlichen Spermienzellen in den Staubblättern auf die Narbe des weiblichen Fruchtblatts treffen. Hier liegt die Eizelle. Pflanzen können sich selbst bestäuben, zum Beispiel wenn sich die Blüte schließt und das Staubblatt auf die Narbe trifft. Viel wichtiger ist jedoch die Verbreitung des Pollens durch Wind oder Insekten! Trifft der Pollen erfolgreich auf sein Ziel, wächst ein Pollenschlauch direkt zur Eizelle und entlässt die Spermienzelle. Ei- und Spermienzelle verschmelzen, und es geht ein Nachkomme hervor, den wir Menschen als »Frucht« kennen. Ist die Frucht reif und der Same bereit für die Ausbreitung, ändert sich die Optik der Frucht. Auf diese Weise wissen nicht nur wir Menschen, wann eine Kirsche süß schmeckt. Farbumschläge im UV-Bereich signalisieren auch vielen Vögeln, dass es nun Zeit für die Obsternte ist. Sie fressen das Fruchtfleisch samt Samen, fliegen von einem Ort zum anderen und scheiden ihn durch ihren Stoffwechsel unbeschadet woanders aus. Hier kann nun eine neue Pflanze wachsen.

Blütenpflanzen locken mit Belohnung

Die Blütenpflanzen haben einen Weg gefunden, ihre Geschlechtszellen mithilfe von tierischen »Liebesboten« zusammenzuführen. Da es mal wieder um Leben und Tod geht, gibt es die verrücktesten Strategien, um Insekten für die Bestäubung anzulocken. So geizen Blütenpflanzen nicht mit optischen Informationen wie Farben, Formen und Oberflächenstrukturen. Gepaart mit Duftstoffen ziehen sie die Bestäuber in ihren Bann – welche Biene kann da schon widerstehen? Die Formen und Farben von Blüten sind in enger »Kommunikation« mit Tieren entstanden und oft genau an einzelne Bestäuber-Arten angepasst. Manche Blüten sind nur einfarbig, aber die meisten besitzen zwei Farben, die in einem starken Kontrast zueinander stehen. Solche Kontraste sind vor allem in der Nähe der süßen Belohnung für die Dienste der Bestäuber zu finden, dem Nektar. Wie auf einer Landkarte kann sich der Bestäuber an den Mustern der Blüte orientieren und findet so zielsicher, wonach er sucht. Runde bis ovale Punkte auf den Blüten dienen ebenfalls als optische Signale und erleichtern den Bestäubern die Orientierung, wo sich was auf einer Pflanzenblüte befindet.

Die Wilde Möhre *(Daucus carota subsp. carota)* ist ein gutes Beispiel für solche auffälligen Fleckenmuster. Sie hat viele weiße Blüten, doch in der Mitte der Blütenstände befindet sich ein dunkler Punkt. Dieser Punkt ähnelt stark den Umrissen eines kleinen Insekts. Es bestätigte sich in Experimenten, dass Fliegen häufiger auf der Wilden Möhre mit einem schwarzen Punkt landeten als auf solchen Pflanzen, deren Punkt entfernt wurde. Anscheinend »wirbt« die Möhre mit ihrer Popularität unter den Insekten und sendet die Nachricht »Schaut her, hier gibt es gute Ware, die auch von anderen Kunden gekauft wird«. Tatsächlich sind viele Pflanzen so etwas wie geschickte »Geschäftsleute« und gehen auf die Bedürfnisse ihrer Kunden ein. Einige Blütenpflanzen signalisieren, wenn sie bereits Besuch von Bestäubern hatten und kein »Betäubungsbedarf« mehr besteht. Sie ändern dann einfach die Farbe ihrer Blüten oder reduzieren den Nektar, der für die Bestäuber als Belohnung bereitsteht. Statten wir einer dieser Gestaltwandlerpflanzen einen Besuch ab und fliegen dafür kurz nach Afrika.

Desmodium setigerum – *der Gestaltwandler unter den Pflanzen*
Die nun folgende Pflanze mit der lateinischen Bezeichnung *Desmodium setigerum* ist ein ganz besonders interessantes Exemplar in Sachen Bestäubung. Desmodium kommt vorwiegend in Afrika vor. Die Bestäubung der Blüten des *Desmodium setigerum* bedarf eines besonderen Mechanismus. Die Blüten sind so geformt, dass der untere Teil den bestäubenden Insekten als eine Art Landeplattform dient. Haben die Blütenbesucher wie etwa Bienen einmal Platz genommen, können sie in Ruhe nach dem Nektar suchen. Die eigent-

liche Bestäubung der Blüte kann allerdings erst erfolgen, wenn das Insekt die »Geheimtür« zum Inneren der Blüte findet. So löst die Bewegung der Bestäuber einen Kippmechanismus aus, der explosionsartig die Narbe und den Staubbeutel in der Blüte freilegt. Diesen Kippmechanismus gibt es auch bei anderen Vertretern der Pflanzenfamilie Hülsenfrüchtler, jedoch hat er bei *Desmodium setigerum* eine besondere Aufgabe: Er dient als eine Art eingebauter Besucherzähler!

Nachdem ein Insekt den Mechanismus ausgelöst hat, verfärbt sich die Blütenfarbe von einem Moment auf den anderen von Violett nach Weiß bis Türkis. Zusätzlich senkt sich das obere Blütenblatt langsam über die freiliegende Narbe und die Staubbeutel ab. Das Erscheinungsbild der Blüte ist nach der Bestäubung somit ein ganz anderes als zuvor und ein Zeichen dafür, dass die Blüte bereits bestäubt wurde und der Laden nun geschlossen hat. Wenn Sie diese Reaktion der Pflanze bereits erstaunlich finden, halten Sie sich fest – es wird noch besser! Normalerweise reicht ein einmaliger Bienenbesuch aus, um die Blüten ausreichend zu bestäuben. In einigen Fällen braucht es jedoch eine Nachbestäubung, weil sich zu wenige Pollen auf der Narbe befinden. In diesem Fall öffnen sich bereits besuchte Blüten wieder so weit, dass die Narbe erneut sichtbar wird. Diese zweite Möglichkeit der Bestäubung demonstrieren die Blüten in Form eines »Geöffnet«-Schilds nach außen: Ihre Türkisfärbung wird noch intensiver und kann teilweise sogar wieder ins ursprüngliche Violett übergehen! Warum aber ist diese Desmodium-Art so darauf bedacht, den Bestäubern anzuzeigen, welche Blüten sie anfliegen sollen und welche nicht? Vielleicht liegt es daran, dass der Pflanze ganz einfach die Zeit davonläuft? Die Lebensdauer ihrer Blüten beträgt nämlich nur einen einzigen Tag!

Das Team um die Wissenschaftlerin Dara A. Stanley von der National University of Ireland fand heraus, dass die meisten Blüten von *Desmodium setigerum* bereits gegen 14 Uhr von mindestens einem Bestäuber besucht wurden. Spätestens bis 18 Uhr war bei fast allen Blüten ihrer Versuchspflanzen der Bestäubungsmechanismus ausgelöst. Mit der Strategie der Gestaltwandlerei leitet diese Pflanzenart den Anflug der Bestäuber gezielt an und stellt damit anscheinend sicher, dass die Bestäubung all ihrer Blüten ausreichend stattfindet, und das auch unter Zeitdruck – einfach genial, wie ich finde!

Bescheißen für die Liebe

Die Vertreter der Ragwurz gehören zur Familie der Orchideen und wenden eine ganz besondere Strategie an, um Bestäuber zu sich zu locken. Sie tun so, als ob! Ihre Blüten senden sowohl optische als auch chemische Informationen, die nicht der Wahrheit entsprechen und den Empfänger somit an der Nase herumführen. Ragwurze ahmen in ihrer Blütenform und Blütenfarbe ein weibliches Insekt nach – doch damit nicht genug. Gleichzeitig verströmen sie einen chemischen Botenstoff, wie ihn sonst Insektendamen als Signale versenden, wenn sie auf der Suche nach einem Männchen sind. Im Mittelmeerraum gibt es die Ragwurzart *Ophrys holoserica*, die wie das Weibchen der solitär lebenden Langhornbienenart *Eucera nigrescens* mit ausgebreiteten Flügeln aussieht. Die Pflanze ahmt mit ihren Blüten die weibliche Langhornbiene so perfekt nach, dass sich männliche Bienen tatsächlich angezogen fühlen und sich auf dem unteren Teil der Orchideenblüte – auch als Unterlippe bezeichnet – niederlassen. Sind sie einmal auf der Orchidee gelandet, vollführen die Männchen sogleich ihre typischen Begattungsbewegungen. Auf genau diese Bewegung hat es die Ragwurz abgesehen, denn wieder ist es eine Art Kippschalter, den der Blütenbesucher für die Bestäubung auslösen muss.

Die männliche Langhornbiene befindet sich so auf der Blüte, dass über ihr Pollenpakete hängen. Sobald sie sich bewegt, fällt ein Regen aus Pollen auf ihren Rücken herab. Durch die Bewegungen der Insekten auf der Blüte gelangt nicht nur der Ragwurz-Pollen auf die Körperoberfläche des Bestäubers. Die Pflanze erhält gleichzeitig den Pollen einer anderen Ragwurz. Das Bienenmännchen kommt somit vom Regen in die Traufe: Erst wird es unter falschen Tatsachen angelockt und dann auch noch mit Pollen beworfen! Feldexperimente weisen jedoch darauf hin, dass die männlichen

Langhornbienen durchaus merken, dass es sich um kein echtes Weibchen handelt. Sie fallen nur einmal auf den Orchideentrick herein und fliegen die Ragwurz nicht mehrfach an.

Diese »So tun als ob«-Taktik hat in der Biologie den Namen *Mimikry* bekommen. Wir können uns das Ganze wie eine Dreieckskommunikation vorstellen. Es gibt einen Sender, der sich einen anderen Sender als Vorbild nimmt, und es gibt den getäuschten Empfänger. Im Fall der Ragwurz ist die Pflanze der Sender, die weibliche Biene das Vorbild und der getäuschte Signalempfänger die männliche Biene. Die Ragwurz betreibt eine sogenannte Sexualtäuschung, doch es gibt noch andere Situationen, bei denen Pflanzen so tun, als ob. Schauen wir uns an, welche Themen der Kommunikation das Rote Waldvöglein, die Glockenblume und die Schneiderbiene miteinander verbindet.

Ragwurzen gehören zu den Orchideen und ahmen in Blütenform und Blütenfarbe ein weibliches Insekt nach. So lässt sich auch das Männchen der solitären Langhornbienenart täuschen und vollführt auf dem unteren Teil der Orchideenblüte Kopulationsbewegungen.

Die Geschichte vom Roten Waldvöglein

Das auch in Deutschland vorkommende Rote Waldvöglein *(Cephalanthera rubra)* aus der Familie der Orchideen besitzt Farbstoffe, die das sichtbare Licht im roten Bereich reflektieren und somit ihre Blüten in der Farbe Rot erscheinen lassen. Für unser menschliches Auge unterscheidet sich das Waldvöglein somit eindeutig von Glockenblumen, deren Blüten meist blau, lila oder weiß sind. Nicht nur ihre Farbe ist unterschiedlich, auch die Blütenform macht eine Verwechslung zwischen Orchidee und Glockenblume ausgeschlossen. Würden wir uns nun eine Brille aufsetzen und die Welt aus der Perspektive eines Bestäubers wie beispielsweise der Scherenbiene *Chelostoma fuliginosum* sehen, hätten wir wohl ebenfalls Schwierigkeiten, eine Glockenblume von einer Orchidee zu unterscheiden. Bienen können die roten Wellenlängenbereiche des sichtbaren Lichtes nicht wahrnehmen, und so sieht aus ihrer Sicht die Pfirsichblättrige Glockenblume *(Campanula persicifolia)* dem Roten Waldvöglein in Sachen Farbe zum Verwechseln ähnlich. Diese für unseren Blick verborgene Ähnlichkeit zwischen den Pflanzen ist kein Zufall! Das Rote Waldvöglein ahmt die Glockenblume nach, weil ihr Vorbild etwas hat, was der Orchidee fehlt: Nektar. So ist diese Orchideenart im Gegensatz zur Ragwurz kein Sexualtäuscher, sondern ein sogenannter Nahrungstäuscher. Nahrungstäuscher deshalb, weil es die Bestäuber mit einer Belohnung in Form von Nektar anlockt, aber dieses süße Versprechen nicht hält! Die männlichen Schneiderbienen lassen sich tatsächlich täuschen und bestäuben das Waldvöglein, ohne für ihre Dienste entlohnt zu werden. Diese Geschichte zeigt uns Menschen wieder einmal mehr, dass in der Natur der Austausch von Informationen weitab von unserer Wahrnehmung stattfindet. In der Erforschung der Biokommunikation lohnt sich somit immer der Blick aus Sicht des Empfängers – wer weiß, auf welche »Betrüger« wir im Reich der Pflanzen sonst noch alles stoßen würden!

Warum Pilze Ameisen zum Platzen bringen

Auf ehrlichere Weise geht es bei der Vermehrung der Pilze zu, die bei vielen Vertretern dieses Reiches sowohl geschlechtlich als auch ungeschlechtlich erfolgt. Die Zellfäden der Pilze im Boden vermehren sich durch Mitose und nachfolgende Zweiteilung oder Sprossung. Pilze können zudem kleine, mehr oder weniger mobile Zellpakete ausbilden. Diese Zellpakete heißen auch Sporen und können selbst ungünstige Lebensbedingungen überdauern, bevor aus ihnen an anderer Stelle neue Pilzfäden hervorgehen. Die geschlechtliche Fortpflanzung der Pilze kann ebenfalls mittels Sporen erfolgen, jedoch besitzen diese, typisch für die Geschlechtszellen der sexuellen Fortpflanzung, nur einen halben Bauplan. Erst das Verschmelzen mit einer anderen Geschlechtszelle der gleichen Art führt zum Erfolg in Sachen sexuelle Fortpflanzung. Der genaue Ablauf der geschlechtlichen Fortpflanzung kann sich zwischen den Vertretern verschiedener Pilzgruppen stark unterscheiden. Als Beispiel hier eine kurze Anekdote aus meiner Kindheit.

Im Wald unterwegs, bin ich aus Versehen auf einen Vertreter der Pilzart Bovist getreten. Als Antwort auf meinen Fehltritt schoss aus dem kleinen Pilz eine Wolke heraus – in etwa so, wie wenn wir kräftig auf eine Babypuderdose drücken. Heute weiß ich, dass es sich bei dem »Pilzstaub« nicht um Puder handelte, sondern um eine Wolke aus Sporen mit einem halben Pilzbauplan. Der Bovist hieß im Frühneuhochdeutsch auch »Fuchsfurz«, wohl aufgrund des vergleichbaren Geräuschs beim Entlassen der Sporen. Der Wind oder ein Tier (im Fall des Bovisten war ich es) tragen die Sporen bis zu mehrere Kilometer weit durch die Gegend, bevor sie an einem neuen und günstigen Standort auskeimen. Aus den Sporen entstehen zunächst durch Teilung Pilzfäden, die ebenfalls nur einen halben Bauplan besitzen. Damit nun wieder ein neuer Bovist mit Ständer und Fruchtkörper in die Höhe wachsen kann, braucht es die Verschmelzung zweier Pilzfäden, die aus Sporen unterschiedlichen Geschlechts hervorgingen. Wir erinnern uns: Pilze haben in Sachen sexuelle Vermehrung die Qual der Wahl, denn bei ihnen gibt es mehr als nur zwei Geschlechter. Wie aber finden die »Liebenden« zusammen? Die Pilzfäden unterschiedlicher Geschlechter senden ganz einfach chemische Signale aus und können auf diese Weise zueinanderkommen. Es gibt allerdings einige Pilze, die für ihre Fortpflanzung ein anderes Lebewesen benötigen – beispielsweise eine Ameise.

So führt uns die nächste Geschichte in den tropischen Regenwald Brasiliens. Hier treffen wir auf Pilze mit dem schier unaussprechlichen lateinischen Namen *Ophiocordyceps unilateralis.* Sie gehören zu den Kernkeulen-Pilzen und haben sich den Beinamen »Zombi ant fungi« – also »Zombie-Ameisen-Pilz« – nicht umsonst eingehandelt. So übernehmen diese Pilze für ihre Fortpflanzung die Kontrolle über das Gehirn kleiner Ameisen! Die Sporen der Kernkeulen-Pilze gelangen durch die Nahrung in den Körper von Rossameisen, wo sie beste Bedingungen zum Auskeimen vorfinden. Mit der Zeit durchwirkt das Netzwerk ihrer Zellfäden die ganze Ameise einschließlich ihres Nervensystems. Am Ameisenkopf angekommen, übernimmt der Pilz die Kontrolle über sein Opfer und macht es willenlos. Die Rossameisenart *Camponotus leonardi* lebt normalerweise in luftigen Baumhöhen von 20 Metern. Ist eine Ameise dieser Art jedoch mit dem Zombi-Pilz befallen, sucht sie gezielt Blätter auf, die sich um die 25 Zentimeter über dem Boden befinden. Woher wir das so genau wissen? Im Todesgriff der Kernkeulen-Pilze beißt sich die befallene Rossameise wie von Sinnen in den Blättern fest und hinterlässt dort regelrechte Abdrücke. Ist die Ameise auf diese Weise vom Pilz paralysiert, kann es nun zum großen Zombi-Ameisen-Pilz-Finale kommen: Der Ameise platzt der Kopf, denn aus ihr wächst unter Druck der Fruchtkörper des Pilzes heraus! Noch nicht gruselig genug? Der Pilz steuert die Rossameisen so genau, dass diese sich nicht nur unter passendem Blattwerk niederlassen, um sich vor Regen zu schützen. Rein zufällig befinden sich unter diesen Regenschirmblättern auch noch die in Laufrichtung liegenden Ameisenstraßen der Artgenossen. Die Sporen des Zombi ant fungi fallen somit direkt aus dem Ameisenkopf auf ihre nächsten Opfer. Na, dann gute Reise!

Die lieben Nachbarn

Bäume im Wald

Bäume, die lange zusammenstehen,
können sich bald nicht mehr riechen
und sehen,
weshalb oft Tannen, ja manchmal
selbst Eichen,
wünschen, sie könnten ganz heimlich
entweichen;
doch – da sie fest mit dem Erdreich
verbunden
kraft langer Wurzeln, die man unten
gefunden,
und deshalb stehen müssen stramm
wie Soldaten –
müssen sie leider des Wunsches entraten.

Heinz Erhardt[*]

In diesem Kapitel geht es um ein Thema in der Kommunikation zwischen Pflanzen, das Heinz Erhardt sogar als Anlass für sein Gedicht »Bäume im Wald« nutzte. Für unser Auge verborgen, reichen die Wurzeln der Pflanzen weit in das Erdreich hinein und treffen dort auf die unterschiedlichsten Nachbarn. Insbesondere mittels chemischer Signale geht hier unten in Sachen Biokommunikation so richtig die Post ab! Allein die Acker-Schmalwand gibt über 100 verschiedene chemische Stoffe ab, mit deren Hilfe sie mit ihrer Umgebung in Kontakt steht. Nicht immer sind diese unterirdischen Gespräche friedlicher Art. Doch auch über der Erde können sich Pflanzen ins Gehege kommen, beispielsweise wenn sich ihre

---

[*] Heinz Erhardt, Noch'n Gedicht © Lappan in der Carlsen Verlag GmbH, Hamburg 2009.

Blätter durch Windbewegungen berühren. Wie Sie gleich sehen werden, gilt selbst in einem Wald das Motto: »Liebe deinen Nachbarn, reiß aber den Zaun nicht ein!«

Chili und Basilikum – ein Traumpaar!

Es gibt manche Menschen, die können wir einfach nicht »riechen«. Wir möchten ihnen nicht zu nahe kommen und schon gar nicht neben ihnen wohnen. Im Reich der Pflanzen ist das nicht viel anders. So kennt ein erfahrener Gärtner die positiven und negativen Effekte, die benachbarte Pflanzen aufeinander haben können. Bei Pflanzungen gilt es ebenfalls zu beachten, welche Nachbarn gut miteinander können und welche eben nicht. Zwiebeln mögen beispielsweise keine Erbsen, während Fenchel sich in deren Gesellschaft sehr wohlfühlt. Woran mag das liegen? Pflanzen teilen sich das Erdreich mit ihren Wurzeln und konkurrieren um die zur Verfügung stehenden Nährstoffe. So sind einige Pflanzen gieriger als andere und nehmen mehr Platz ein oder versenden sogar chemische Stoffe, die dem Nachbarn gar nicht gut bekommen. Die echte Walnuss *(Juglans regia)* ist so ein »böser Nachbar«, denn seine Blätter geben Zimtsäure ab, und diese wiederum behindert das Wachstum anderer Pflanzen.

Doch es gibt sie auch im Pflanzenreich, die guten Nachbarn! Basilikum *(Ocimum basilicum)* ist ein solcher guter Nachbar, zumindest für die Chilipflanze *(Capsicum annuum)*. Das Basilikum sendet chemische Duftstoffe aus, die in seiner Umgebung Unkraut am Keimen und Wachsen hindern. Er hält den Boden feucht und ist für den Chili so etwas wie ein lebender Mulch-Lieferant. In einem Versuch schauten sich Wissenschaftler der Western University in Australien die Kommunikation zwischen Chili und Basilikum genauer an. In der Gegenwart von Basilikum ließen die Forscher Samen der Chilipflanze unter verschiedenen Bedingungen keimen. Im ersten Versuch hatten die Pflanzen die Möglichkeit, sowohl oberirdisch als auch unterirdisch über die Kanäle Luft oder Boden Informationen auszutauschen. In einem zweiten Versuch wurde dieser Austausch verhindert und beide Nachbarn kommunikationssicher voneinander abgeschottet. Das erstaunliche Ergebnis: In beiden Versuchen keimten die Chilisamen in der Gegenwart des Basilikums besser als ohne den pflanzlichen Nachbarn. Warum das so ist und woher der Chili »wusste«, dass ein Basilikum in der Nähe ist, ohne mit ihm in Kontakt zu stehen, ist bisher noch ungeklärt.

Maispflanzen wollen lieber allein bleiben

Pflanzen eignen sich wunderbar, um die Welt der Biokommunikation zu erforschen. Sie können unter kontrollierten Bedingungen im Labor gehalten werden und reagieren in ihrem Wachstum schnell auf Änderungen in ihrer Umgebung. Neben der Tabakpflanze ist auch der Mais *(Zea mays)* ein beliebter Kandidat zur Erforschung der Kommunikation zwischen Pflanzen sowohl über als auch unter der Erde.

Wissenschaftler der Universität im schwedischen Uppsala stellten sich folgende Frage: Führt der Kontakt der Blätter zweier Maispflanzen zur Freisetzung chemischer Stoffe im Erdreich, die wiederum von weiter entfernt wachsenden Artgenossen als Informationen wahrgenommen werden können? Im Labor entwickelten die Forscher dafür ein mehrstufiges Experiment. Zunächst brachten sie die Blätter zweier Maispflanzen in Kontakt und ahmten damit die natürlichen Berührungen zwischen zwei Pflanzen nach, wie sie beispielsweise in einem Maisfeld vorkommen. Gibt es auch eine unterirdische Reaktion auf diesen Kontakt, sollten sich in der Erde der berührten Pflanzen chemische Stoffe für die Kommunikation befinden. Die Forscher stellten nun junge Maispflanzen vor die Wahl: Wuchsen sie lieber in Richtung der Erde, in der sich zuvor die Artgenossen berührt hatten? Oder bevorzugten sie Erde, in der zuvor noch keine Maispflanzen oberirdisch miteinander in Berührung gekommen waren? Tatsächlich streckten die jungen Maispflanzen ihre Wurzeln lieber in Richtung unberührter Nachbarerde aus. Anscheinend befanden sich durch den oberirdischen Kontakt tatsächlich chemische Informationen im Boden, die der Maispflanze die Anwesenheit von oberirdischen Artgenossen verriet. Bereits von

Bäumen wissen wir, dass ihre Baumkronen sich nicht weiter ausbreiten, sobald sie einen benachbarten Baum berühren.

Pflanzen warnen ihren Nachbarn

Nicht alle Pflanzen sind so eigenbrötlerisch wie der Mais oder senden für ihre Nachbarn giftige Stoffe aus wie die Walnuss. Im Jahr 1983 beobachteten Wissenschaftler, dass Sitka-Weiden *(Salix sitchensis)* in einem Wald unterschiedlich stark mit dem Befall durch Pflanzenfresser zu kämpfen hatten. Weiden in der Nähe eines bereits mit Fressfeinden übersäten Artgenossen waren gesünder als solche, die fernab von einem befallenen Artgenossen wuchsen. Ähnliche Beobachtungen zeigten sich auch bei der Pappel *(Populus x euroamericana)* oder dem Zucker-Ahorn *(Acer saccharum)*. Nutzen Pflanzen also tatsächlich die Kraft der Gemeinschaft und warnen sich gegenseitig, wenn Gefahr durch Schädlinge im Verzug ist? Oder anders gefragt: Handelt es sich hier wirklich um aktiv ausgesendete Warnsignale eines kranken Baumes oder nur um einen Lauschangriff der Nachbarpflanzen auf die chemische Reaktion verwundeter Artgenossen? Solche Fragen sind spannend zu stellen, jedoch schwer zu beantworten. Anhand des Wüsten-Beifußes *(Artemisia tridentata)* möchten Wissenschaftler mehr über die Kommunikationsabsichten von Pflanzen lernen. Diese Art sendet ebenfalls chemische Stoffe aus, sobald sie von Fressfeinden befallen ist. Als Reaktion auf diese Informationen zeigen Nachbarpflanzen einen höheren Gehalt an Stoffen zur Abwehr von Fressfeinden. Nun wird es allerdings spannend: Diese Reaktion war besonders ausgeprägt zwischen sehr nah verwandten Pflanzen, während sie in Gegenwart von fremden, ebenfalls mit Fressfeinden befallenen Pflanzen ausblieb. Der Wüsten-Beifuß ist also in der Lage, enge Verwandte als solche zu erkennen. Die Kommunikation mittels gezielter Signale zur Warnung der eigenen Sippschaft bringt somit einen Vorteil für beide Seiten, des Senders und des Empfängers.

5 Mehrzeller – Tierisch gute Kommunikation

In unserer Waldszene tauchen plötzlich drei Rehe hinter einem Baum circa 30 Meter entfernt von uns auf. Die Tiere haben uns noch nicht bemerkt und suchen nach Nahrung. Ihre Ohren drehen sich ständig in alle Richtungen und überprüfen die Umgebung auf die Anwesenheit von Gefahren. Ein falscher Schritt, und der Ast unter meinem Fuß lässt die Rehe aufhorchen. Sie entdecken uns und fliehen mit großen Sprüngen in den Schutz des dichten Waldes. Wir durften gerade anhand der Rehe zwei wichtige Merkmale der Tiere beobachten: eine schnelle Reaktion auf die Umwelt durch das Vorhandensein von Nervenzellen sowie die Fähigkeit zur Bewegung mithilfe von Muskelzellen.

Typisch Tier

Tiere sind wie Pflanzen und Pilze ebenfalls Lebewesen, die aus sehr vielen Zellen des Typs Eucyte aufgebaut sind. Es gibt jedoch mehrere Alleinstellungsmerkmale der Tiere. Eines davon ist, dass ihre Zellen im Gegensatz zu den Zellen der Pflanzen und Pilze keine Zellwand, sondern nur eine Zellmembran als Begrenzung besitzen. Im Laufe der Entwicklung haben sich die Zellen der Tiere auf verschiedene Aufgaben spezialisiert, dazu gehören Nervenzellen für die Weiterleitung von Informationen oder Muskelzellen zur Bewegung. Im Gegensatz zu den Pflanzen können Tiere nicht nur von Licht, Luft und Liebe leben und somit ihre Nahrung per Fotosynthese selbst herstellen. Sie sind auf andere Lebewesen als Nahrungsgrundlage angewiesen und müssen diese finden, fressen und verdauen. Zähne, Stechrüssel oder Raspelzungen sind nur einige der Mundwerkzeuge, die Tieren bei der Nahrungsaufnahme zur Verfügung stehen. Ein ausgeklügeltes Verdauungssystem, bestehend aus verschiedenen Organen mit allerhand sauren Säften, erledigt den Rest. Insbesondere Beutegreifer wie der Wanderfalke *Falco peregrinus* müssen schnell unterwegs sein, um ihrer flinken Mäusebeute auf den Fersen zu bleiben. Radarmessungen bescheinigten dem Wanderfalken Spitzengeschwindigkeiten von 39 Metern pro Sekunde – das sind umgerechnet 140 Kilometer pro Stunde. In einigen Büchern finden sich sogar Angaben zwischen 250 und 360 Kilometern pro Stunde für den Anflug des Wanderfalken auf seine Beute. Brettern Sie mit 120 Kilometern pro Stunde über die Autobahn, kann der Gepard *Acinonyx jubatus* locker auf der Überholspur mithalten – allerdings nur für einige Hundert Meter, bis der Raubkatze die Puste ausgeht. Selbst auf den ersten Blick so unbeweglich wirkende Lebewesen wie ein Seestern am Meeresgrund kann mit den Muskeln in seinen Füßchen eine Strecke von wenigen Metern pro Minute zurücklegen. Leben Falke, Gepard und Seestern nach dem Motto »Fleisch ist mein Gemüse« und erbeuten andere Tiere, verköstigen sich reine Pflanzenfresser an Blättern, Früchten, Samen oder Wurzeln. Die Aufnahme von Nahrung ist wohl der wichtigste Grund, warum Tiere mit anderen Lebewesen inklusive Pflanzen Informationsnetzwerke ausbilden. Die Grenzen zwischen Tieren und Pflanzen verwischen allerdings hier und dort. So nutzen fleischfressende Pflanzen ebenfalls Verdauungssäfte für die Nahrungsaufnahme, während einige Tiere mit Bewegung nicht viel im Sinn haben und fest an einem Platz verharren.

Ein Bummel durch das Tierreich – Wirbel oder keine Wirbel?

Ein knorpeliges bis knöchernes Körpergerüst mit Schädel und Wirbeln entscheidet darüber, ob wir es in der Welt der Tiere mit einem Wirbellosen oder einem Wirbeltier zu tun haben. So beweisen Schwämme, Hohltiere, Würmer, Weichtiere oder Gliederfüßer wie die Insekten im Alltag weder Dickschädel noch Rückgrat. Ihr Körper ist oftmals in mehrere Segmente aufgeteilt und verhältnismäßig klein. Wirbeltiere wie die Amphibien, Reptilien, Fische, Vögel und Säugetiere besitzen ein Skelett aus Knochen und/oder Knorpel, das Muskeln und Sehnen beweglich halten. Zu diesem Skelett gehört auch die besagte Wirbelsäule, die den Kopf, den Rumpf mit zwei paar Gliedmaßen und bei vielen Wirbeltieren auch den Schwanz stützt.

Beginnen wir unsere kurze Reise durch die Welt der Tiere zunächst bei den wirbellosen Hohltieren. Sie stellen in Sachen Bewegung eine Ausnahme dar und rühren sich ähnlich der Ortstreue wie Pflanzen im »Erwachsenenalter« nicht mehr vom Fleck. Ihr einfaches Nervennetz aus kreuz und quer laufenden Nervenzellen ist völlig ausreichend für eine sesshafte Lebensweise im Meer und ermöglicht ihnen die Bewegung von Fangarmen für das Greifen von Nahrung. Wirbellose Tiere mit einem komplexer gebauten Körper wie beispielsweise Würmer oder Insekten besitzen auch ein komplexeres Nervensystem. In den einzelnen Segmenten ihres Körpers haben sich die Zellkörper vieler Nervenzellen zu Knotenpunkten zusammengelagert – den *Ganglien.* An diesen Knotenpunkten können sich die Nervenzellen noch besser untereinander verschalten und auch koordinierte Bewegungen ermöglichen, wie sie beispielsweise der Regenwurm auf seinem Weg durch die Erde vollführt. Insbesondere bei den Gliederfüßern wie den Insekten, Spinnen oder Krebsen haben sich am vorderen Segment des Körpers viele Nervenzellen angesammelt, die ankommende Informationen aufnehmen und verarbeiten. Dieser Zusammenschluss von Nervenzellen am Kopf war die Geburtsstunde des Gehirns und somit des zentralen Nervensystems. Das Nervensystem der Weichtiere wie der Schnecken besteht ebenfalls aus Nervenzellen, die sich an wichtigen Punkten im Körper angesammelt haben und dort Knotenpunkte bilden. Weichtiere besiedeln unterschiedlichste Lebensräume an Land und im Wasser und sind somit ein Paradebeispiel dafür, wie sich je nach Anforderung der Umgebung auch das Nervensystem von Tieren anpasst. Festsitzende Muscheln haben nur zwei Knotenpunkte, während Landschnecken mit zusätzlichen Knotenpunkten in ihrem Fuß ordentlich Gas geben und somit in typischer Schneckenmanier förmlich durch Ihren Garten schweben können.

Die als Seehasen bezeichneten Meeresschnecken *Aplysia* sind beliebte Studienobjekte unter Neurobiologen, denn sie besitzen Nervenzellen, deren Zellkörper im Durchmesser über einen Millimeter beträgt. Obwohl sie bereits spezielle Ganglien für ihre Sinnesorgane (Riechen, Tasten oder Sehen), für die inneren Organe (Atmung, Fluchtreflexe) oder die Fortbewegung haben, ist ihr Nervensystem dennoch überschaubar und somit gut zu untersuchen. Der Neurobiologe Albrecht Vorster von der Universität Tübingen hat mithilfe von *Aplysia* bestätigt, was sich viele Studenten bereits denken konnten: Die Nacht durchzufeiern ist keine gute Idee, wenn am nächsten Tag ein Test ansteht! In Verhaltensversuchen mussten die Schnecken herausfinden, wie sie an ihr geliebtes Futter Seegras herankommen. Das Lösen des Rätsels gelang den Tieren bedeutend besser, wenn sie die Nacht zuvor schlafen konnten. Lief hingegen das Radio und die Schnecken wurden ständig in ihrer Nachtruhe gestört, schnitten sie am nächsten Tag im Versuch deutlich schlechter ab. Besonders gut im Rätsellösen sind übrigens auch Tintenfische.

Anders, als der Name vermuten lässt, gehören die Tiere mit den beweglichen Fangarmen ebenfalls zu den Weichtieren, haben aber in Sachen Nervensystem einen ordentlichen Entwicklungssprung hingelegt. An ihrem Kopf sammeln sich besonders viele Nervenzellen zu einer zentralen Schaltstelle an – sie werden daher auch Kopffüßer genannt. So können sich Tintenfische wie der achtarmige Krake oder der zehnarmige Kalmar nicht nur blitzschnell durch ihren Lebensraum Meer bewegen und Beute fangen. Tintenfische gebrauchen sogar Gegenstände in ihrer Umgebung als Werkzeuge. So beobachteten Taucher immer wieder Kraken, die Kokosnüsse sammeln und sich daraus ein Schutzschild bauen. Kopffüßer besitzen somit ein Zentrum für Intelligenz in ihrem Gehirn und brauchen sich mit ihrer Denkleistung nicht hinter der von Wirbeltieren zu verstecken – wo wir direkt beim nächsten Thema wären.

Das Nervensystem der Wirbeltiere lässt sich eindeutig in ein zentrales und ein peripheres Nervensystem einteilen. Der zentrale Teil besteht aus dem Gehirn und dem Rückenmark, während das periphere Nervensystem alle Nervenzellen umfasst, die vom Gehirn und Rückenmark auslaufen beziehungsweise dort hineinziehen. Diese Nervenzellen übermitteln Informationen kreuz und quer durch den Körper. Sie leiten zum Beispiel elektrische Signale an Muskelzellen mit der Nachricht »Kontrahieren« weiter. Das Gehirn ist sowohl für die komplizierten Verrechnungen einkommender Informationen als auch für die Einleitung darauf passender Reaktionen zuständig. Das Rückenmark kümmert sich um die einfacheren Dinge: Hier erfolgen Reaktionen auf Informationen, die immer in der gleichen Art und Weise ablaufen – die Reflexe. Wenn wir auf etwas Heißes fassen, ziehen wir automatisch die Hand zurück, ohne darüber nachzudenken. Das ist auch gut so, sonst würden wir dem Reiz »Hitze« viel zu lange ausgesetzt, bevor wir willentlich entscheiden, die Hand vom heißen Gegenstand zu nehmen. Solche Reflexe stellen sicher, dass auf einen Reiz die passende Reaktion in Windeseile erfolgt und im Ernstfall das Überleben des Organismus sichert. So steht das Rückenmark in enger Kommunikation mit dem Gehirn und koordiniert auf diese Weise die vielen Reaktionen, die im Körper ablaufen. Mit so viel »Rechnerleistung« ausgestattet, können Wirbeltiere ihre Umwelt besonders gut erkunden und auf die vielen eintreffenden Informationen reagieren.

Es geht um Leben und Tod

Besonders räuberische Tiere greifen tief in die Trickkiste, um sich ihrem Abendessen unbemerkt anzunähern oder es anzulocken. Sie gehen sogar so weit und belauschen die Kommunikation ihrer Beute, um deren Sprache zu lernen und für eigene Zwecke zu nutzen. Warten zu Hause mehrere hungrige Mäuler darauf, gestopft zu werden, scheint jedes Mittel recht und billig, um an Nahrung zu kommen. Selbst das absichtliche Senden falscher Informationen ist keine Seltenheit. So endet das Zusammentreffen zwischen Räuber und Beute alles andere als mit einem netten »Pläuschchen« über den Gartenzaun – hier geht es um Leben und Tod!

Spinnen sind die Meister unter den Räubern

Gliederfüßer wie die Insekten, Krebstiere oder Spinnen sind nicht nur gern gesehene Speisen bei anderen Lebewesen – viele von ihnen können auch selbst gut zulangen und sind exzellente Räuber. Vom klebrigen Fangnetz bis hin zu giftigen Mundwerkzeugen fahren Spinnen ein ganzes Arsenal an Jagdwaffen auf. Sie nehmen die Vibrationen ihrer Beute wahr und nutzen solche mechanischen Informationen, um sich ihrem Opfer unbemerkt zu nähern. Dafür konstruieren sie feine Spinnenfäden, die wie Fallstricke kreuz und quer gespannt sind. Setzen andere Gliederfüßer erst einen der vielen Füße auf das Kunstwerk aus klebrigen Fäden, ist es schon zu spät, und es gibt kein Entrinnen mehr. Wir könnten argumentieren, dass die Beute selbst schuld ist, wenn sie nicht aufpasst, wo sie hintritt. Spinnen helfen ihrem Glück nach und verlassen sich nicht nur auf die Unachtsamkeit ihrer Beute. Die Seide einiger Spinnen reflektiert im ultravioletten Bereich und lockt auf diese Weise gezielt Insekten an.

Die Vertreter der australischen Lassospinnen, auch Bolaspinnen genannt, setzen hingegen auf eine andere Strategie: Anstatt eines ganzen Spinnennetzes »basteln« sie aus nur einem Seidenfaden und einem Tropfen klebriger Flüssigkeit eine Art Wurfgeschoss. Diese »Bola«[*] parfümieren die Lassospinnen zusätzlich mit einem Duftstoff ein, der dem Sexuallockstoff weiblicher Nachtfalter erstaunlich ähnlich ist. Die Spinne schwingt nun ihre Jagdwaffe durch die Luft in der Hoffnung, dass eine Motte nicht widerstehen kann und an ihrem »klebrigen Lasso« hängen bleibt. Diese »Duft-Verarsche« heißt in der Biologie *Angriffsmimikry*. Auf gut Deutsch: Der Räuber oder Parasit sendet optische, akustische oder geruchliche Infor-

---

[*] Bezeichnung für eine Wurfwaffe, bestehend aus drei Leinen, die sternförmig verknüpft sind und an deren Enden sich ein Gewicht wie beispielsweise eine Kugel befindet.

mationen, auf die seine Beute gar nicht anders reagieren kann, als sich dem Verderben auszuliefern.

Leuchtkäfer senden falsche Leuchtsignale

Von den leuchtenden Larven der Langhornmücken in den neuseeländischen Waitomo-Höhlen habe ich Ihnen ja bereits vorgeschwärmt. Die dort lebende Art *Arachnocampa luminosa* – auf Māori trägt sie den Namen *Titiwai* – nutzt ähnlich wie die Lassospinne klebrige Fäden, um ihre Beute einzufangen. Die Larven bauen sich ein röhrenförmiges Nest aus Seidenfäden, das von der Decke der Höhle hängt. An dieser Röhre sind wiederum in Fünf-Millimeter-Abständen klebrige Fäden befestigt, die wie Fischerleinen auf bis zu 50 Zentimeter herabhängen. Damit die Beute auch tatsächlich ins Netz geht, nutzen die Larven ihre Fähigkeit zur Erzeugung von Licht durch Biolumineszenz und ziehen damit Insekten wie beispielsweise Motten an. In ihren Fischerleinen verfangen sich jedoch auch allerhand andere Leckerbissen wie Ameise, Tausendfüßer oder kleine Schnecken. Wie wichtig es ist, die Jagdausrüstung stets in einem guten Zustand zu halten, wissen auch die Larven: Nach der Mahlzeit werden die Seidenfäden stets von Nahrungsresten gesäubert, damit sie ihre volle Klebkraft wiedererlangen.

Schlagen wir gleich den Bogen von den leuchtenden Larven der Langhornmücken in den neuseeländischen Höhlen zu den Leuchtkäfern auf der japanischen Insel Hokkaido. Vor einigen Jahren nahm ich an einer Konferenz in Sapporo, der Hauptstadt Hokkaidos, teil. Auf dem Programm stand auch ein Besuch in einem Naturzentrum am Rande der Stadt, denn hier gab es Leuchtkäfer zu bestaunen. So war das Highlight des Ausflugs die kleine Nachtwanderung in den nahe gelegenen Park des Naturzentrums, um die auch als Glühwürmchen, Johanneskäfer oder Sonnenwendkäfer bezeichneten Tiere bei ihrer Kommunikation live zu beobachten. Es war schon ein bisschen abenteuerlich, als wir die dunklen Stufen zu einem Flusssystem hinunterstolperten – doch der Weg lohnte sich! Wie kleine Laternen schwirrten Abertausende der leuchtenden

Insekten durch die Luft und erhellten die mondlose Nacht. Jede Leuchtkäferart hat ihr ganz eigenes Leuchtsignal, mit dessen Hilfe Männchen und Weibchen zueinanderfinden. An dieser Stelle geht es aber nicht um das Kommunikationsthema »Zu mir oder zu dir?«, sondern um eine folgenreiche Lüge, die für viele männliche Leuchtkäfer tödlich endet! Es gibt Leuchtkäferarten in Nordamerika, die mit ihren gesendeten optischen Informationen alles andere im Sinn haben als ein Schäferstündchen. Die Weibchen der Art *Photuris versicolor* sind beispielsweise in der Lage, neben den eigenen optischen Signalen für die Paarung auch die von vier anderen Leuchtkäferarten zu senden. Mit diesen fremden Leuchtsignalen lockt das Weibchen entsprechend die Männchen anderer Leuchtkäferarten an. In mindestens einem von zehn Versuchen hat sie damit Erfolg, und die artfremden Männchen folgen ihrer Einladung – in freudiger Erwartung, ein Weibchen seiner Art für die Paarung anzutreffen. Hat das Männchen den Schwindel durchschaut, ist es auch schon zu spät: Das Weibchen der fremden Leuchtkäferart macht kurzen Prozess und vertilgt das Männchen auf der Stelle. Auch eine Möglichkeit, an Nahrung zu kommen …

Verputzen statt Putzen – der Säbelzahnschleimfisch

Von den Gliederfüßern wie den Insekten und Spinnen kommen wir nun zu den Fischen und somit der größten Gruppe unter den Wirbeltieren. Sie besiedeln jeden noch so kleinen Tümpel auf unserer Erde, egal ob Süß- oder Salzwasser, tropische oder arktische Gewässer. Fische kommen in den unterschiedlichsten Formen und Farben vor, und auch ihre Art, sich zu ernähren, ist sehr vielfältig. Statten wir dem Säbelzahnschleimfisch *Aspidontus taeniatus* einen Besuch in den Malediven ab. Er ist nur 15 Zentimeter groß, allerdings macht der kleine Kerl seinem Namen alle Ehre. Der Säbelzahnschleimfisch ahmt in seinem Aussehen und Verhalten eine andere Fischart nach – den Gemeinen Putzerlippfisch, *Labroides dimidiatus*. Die Putzerlippfische verdienen sich auf ehrliche Art und Weise ihre Nahrung, indem sie die abgestorbenen Hautteile, Parasiten oder Nahrungsreste auf anderen Fischen entfernen. Die

»Kunden« erkennen den Putzerfisch an seiner ganz bestimmten Art und Weise zu schwimmen. Diese optischen Informationen sind so einzigartig und auffällig, dass Biologen dafür das Wort »Putzertanz« verwenden. Der Säbelzahnschleimfisch ahmt diese Putzersignale so überzeugend nach, dass er glatt als Putzerlippfisch durchgeht und sich ohne Gefahr anderen Fischen annähern kann. Sobald der Säbelzahnschleimfisch das Vertrauen des Kunden gewonnen hat und nah genug an ihm dran ist, beginnt er damit, ganze Hautfetzen aus seiner Beute zu reißen. Statt zu »putzen«, wird nun »verputzt«, und davon hat nur einer etwas – der Säbelzahnschleimfisch!

Wenn Fische unter die Angler gehen

Als Kind eines leidenschaftlichen Anglers weiß ich um die Geduld, die bei der nun folgenden Art der Nahrungsbeschaffung nötig ist: dem Fischen. Und es braucht nicht nur Geduld, sondern auch die passende Ausrüstung – von der Angel über den Köder bis hin zur »Tarnkleidung« des Anglers. Natürlich entscheiden auch Ort und Uhrzeit über den großen Fang, und wer könnte darüber besser Bescheid wissen als ein Fisch selbst? So gibt es eine Vielzahl an Fischen, die ihren Namen wie Warzen-Anglerfisch, Teufelsangler oder sogar Schwarzangler nicht umsonst tragen, denn sie sind selbst unter die Angler gegangen! Anglerfische und Tiefsee-Anglerfische gehören in die Ordnung der Armflosser. Das sind Knochenfische, die fast alle im Meer leben und deren Körperform ihnen ein recht eigenwilliges Aussehen verleiht. Ihre Brustflossen sind beispielsweise aufgestellt und sehen wie kleine Ärmchen aus. In geschickter Koordination mit den Bauchflossen können diese Fische sogar einen flotten Galopp auf dem Meeresboden hinlegen – im Verhältnis zu allen anderen galoppierenden Tieren sind sie jedoch die langsamsten darin.

Fast alle »angelnden Fische« leben im Meer, jedoch gibt es große Unterschiede, was die Tiefe angeht: Die Anglerfische kommen oft in Korallenriffen vor und leben im flachen Wasser, während die Tiefsee-Anglerfische erst in unter 300 Metern ihre Angel auswerfen. So steht den Anglerfischen im flachen Wasser der Kanal Licht zur

Verfügung, und sie können daher andere Köder nutzen als ihre Anglerkollegen in der Tiefsee. Ein Hautanhängsel, ausgehend von der Rückenflosse, hängt den Tieren direkt vor dem Maul und dient als Angel. Je nach Anglerfisch-Art bieten sie ihrer Beute unterschiedliche Köder an: vom Wurm über die Garnele bis hin zu einem anderen Fisch ist alles dabei. Der beste Köder nützt jedoch nichts, wenn der Angler als solcher erkannt wird! So ähneln die Anglerfische im flachen Wasser in Form und Farbe verblüffend ihrer Umgebung und sind bestens getarnt – sowohl um den großen Fang zu machen als auch um selbst von Räubern unentdeckt zu bleiben. Angelockt von dem Leckerbissen, schwimmt die Beute arglos direkt vor das Maul des Anglerfisches und wird im passenden Moment mit einem blitzschnellen Biss verspeist. Das Problem der Tarnung besteht in der Tiefsee nicht, doch bleibt die Frage, welchen Köder die Tiefsee-Anglerfische nutzen. Wieder sind es durch Biolumineszenz erzeugte Informationen, die zur Anlockung der Beute dienen. Na dann, Petri Heil!

Mit Ultraschall auf Nahrungssuche

Eine andere Strategie, um an Nahrung zu kommen, ist das aktive Auffinden der Beute – zum Beispiel mithilfe von Schallwellen. Viele Säugetiere wie Delfine, Wale oder Fledermäuse senden Rufe im Ultraschallbereich aus, um ihrer Beute auf die Spur zu kommen. Zur Erinnerung: Beim Ultraschall schwingen die Schallwellen schneller als 20 000 Hertz und liegen somit über dem menschlichen Hörvermögen. Treffen die ausgesendeten Schallwellen auf ein Beutetier, reflektiert sein Körper diese Schallwellen, und sie gelangen zurück zum Sender. Aus dieser ungewollten »Antwort« des Gejagten kann der Räuber viele Informationen ziehen, beispielsweise in welcher Entfernung sich die potenzielle Beute befindet. Fledermäuse senden zunächst sogenannte Peillaute in größeren Abständen aus. Sobald die Tiere ihre Beute geortet haben, rufen sie in immer kürzeren Abständen. Anhand der Lautstärke der zurückkommenden Ultraschallwellen können Fledermäuse die Größe der vermeintlichen Beute einschätzen. Diese Art der Nahrungssuche hat allerdings zwei Nachteile: Die Reichweite ist nicht sehr groß, und der Sender erreicht mit den Ultraschallrufen immer nur einen schmalen Bereich. Beutetiere wie beispielsweise Nachtfalter nehmen die Rufe der Fledermäuse mit ihren Antennen wahr und weichen ihnen aus, indem sie sich einfach zu Boden fallen lassen. Die Mopsfledermaus *(Barbastella barbastellus)* weiß um die gute Hörfähigkeit ihrer Beute und sendet kurz vor dem Anflug auf ihr Opfer so leise Töne aus, dass die Falter die Fledermaus nicht mehr kommen hören. Wie die nun folgende Geschichte zeigt, ist das Anschlagen leiserer Töne bei der Jagd nur eine Strategie, um sich als Räuber unbemerkt seiner Beute anzunähern.

Warum Schweigen manchmal wirklich Gold ist

Im nordöstlichen Pazifik vor der Küste Kanadas und der USA haben Forscher zwei verschiedene Typen Schwertwale *(Orcinus orca)* entdeckt, die unterschiedliche Verhaltensmuster zeigen. Der eine Typ Schwertwal wird als »Resident« bezeichnet. Er lebt mit Artgenossen in beständigen Gruppen zusammen und hat eine absolute Vorliebe für Lachs. Der andere Typ macht sich weniger aus Lachs und bevorzugt Beutetiere, die warmes Blut besitzen, wie zum Beispiel Seehunde, Seelöwen oder Delfine. Diese Wale tragen den Beinamen »Transient«. Beide Typen nutzen sowohl kurz aufeinanderfolgende Klicks im Ultraschallbereich für die Orientierung und den Beutefang als auch Pfeiftöne sowie pulsierende Rufe für die Kommunikation zwischen Artgenossen. Wissenschaftler der Universität in Victoria an der Westküste Kanadas fanden in Unterwasserexperimenten heraus, dass die Transient-Schwertwale mit einer Vorliebe für Seehunde weniger mitteilsam sind als ihre fischliebenden Resident-Artgenossen. Die Transients sendeten nur dann vergleichbar viele pulsierende Rufe wie die Residents aus, wenn die Wale mit Artgenossen an der Oberfläche zu sehen waren und – nun wird es spannend – wenn sie erfolgreich Beute geschlagen hatten. So können die Beutetiere der Transients wie beispielsweise Delfine oder Seelöwen die Pulsrufe der Schwertwale auf mehrere Kilometer Entfernung hören. Das Motto »Reden ist Silber, Schweigen ist

145

Schwertwale *(Orcinus orca)* nutzen sowohl kurz aufeinanderfolgende Klicks im Ultraschallbereich für die Orientierung und
den Beutefang als auch Pfeiftöne sowie pulsierende Rufe für die
Kommunikation zwischen Artgenossen. Die Aufteilung der
schwarzen und weißen Körperpartien ist bei jedem Tier einzigartig und erlaubt deren individuelle Unterscheidung. Gezeigt ist
ein männliches Tier (oben) und ein weibliches Tier (unten).

Gold« scheint für die Jagd der Transients zuzutreffen, denn nur wenn
die Wale keine Rufe von sich geben, haben sie eine Chance darauf,
Beute zu schlagen. Ist die Jagd erfolgreich abgeschlossen, nutzen die
Transients wieder akustische Signale für die Kommunikation mit
ihren Artgenossen. Die Residents hingegen bevorzugen Lachs als
Nahrung, dieser kann jedoch auf Grund seines eingeschränkten
Hörvermögens die Rufe der Wale erst gar nicht wahrnehmen.

Delfine fangen zusammen Fisch – und nennen sich beim Namen

Delfine können nicht nur die Rufe der Killerwale hören, sie senden selbst akustische Informationen für die Nahrungssuche und
die Kommunikation untereinander. Ihre Beute sind große Fischschwärme, die sie mithilfe von Ultraschall auffinden können. Del-

fine wie der Große Tümmler *(Tursiops truncatus)* haben viele Jagdtechniken – eine davon ist die gemeinsame Jagd mit dem Menschen. In der Stadt Laguna in Brasilien treibt eine Gruppe von 55 Tümmlern immer wieder Fische in Richtung des Strandes und somit in die offenen Arme der lokalen Fischer. Diese warten bereits geduldig auf die Delfine und ihre Mitbringsel. So stehen die Fischer bewegungslos dicht an dicht in einer Reihe bis zur Hüfte im Wasser und halten ihre Netze bereit. Mittels Kopfbewegungen und Schwanzschlägen kommunizieren die Tümmler mit den Fischern und geben ihnen zu verstehen, wo und wann sie ihre Netze auswerfen sollen. Als Dank für ihre Hilfe überlassen die Fischer den Delfinen die kleinen Fische, die sich aus dem Netz befreien können. Bereits vier Monate alte Jungtiere nehmen an dieser einzigartigen Jagdstrategie teil und haben gelernt, wie sie mit Menschen kommunizieren können. Wie aber finden sich die Delfine für die gemeinsame Jagd zusammen – rufen sie sich etwa bei ihrem Namen? Ein Forscherteam der Universität in St. Andrews in Schottland hat genau diese Frage untersucht und herausgefunden, dass sich Delfine tatsächlich gegenseitig Namen geben und diese nutzen. So senden Delfine hohe Klick- und Pfeiftöne aus, die bis zu 20 Kilometer weit hallen. Dabei besitzt jedes Tier seinen ganz eigenen Ton!

Parasiten – gut im Nehmen, schlecht im Geben

Kommen wir nun zu einer ganz anderen Geschichte, die uns in die Welt der Parasiten und ihrer Wirte entführt. Parasiten sind Lebewesen, die in oder auf einem anderen Lebewesen leben – dem Wirt. Dieser Wirt ist meist um einiges größer als der Parasit und dient Letzterem als Wohnort und Nahrungsquelle. Der Parasit bedient sich reichlich beim Wirt und zapft ihm beispielsweise Blut ab oder labt sich an dessen Organen. In der Regel stirbt der Wirt nicht von der Anwesenheit des Parasiten, doch auch hier gilt: Die Dosis macht das Gift. Es gibt unendlich viele Beispiele für die Interaktion zwischen Wirt und Parasit, doch eine Geschichte hat mich während meines Studiums besonders beeindruckt. Es handelt sich um den Kleinen Leberegel *Dicrocoelium dendriticum*. Er gehört zu den Saugwürmern und besitzt einen sehr einfachen Körperbau mit nur einer Körperöffnung, dem Mund. Sein Mund ist auch eines seiner wichtigsten Werkzeuge, um sich im Wirt einzunisten, denn er funktioniert wie ein Saugnapf. Nun aber genug der erklärenden Worte – beginnen wir mit der Geschichte um den kleinen Leberegel.

Ein Kleiner Leberegel auf Wanderschaft

Es war einmal ein Kleiner Leberegel mit Namen *Dicrocoelium dendriticum*. Der Leberegel fühlte sich besonders in den Gallengängen von Schafen, Ziegen, Hasen, Kaninchen oder Hunden zu Hause. Fehlt es dem kleinen Egel an nichts und ist er rundum zufrieden, produziert er fleißig Eier. Getragen von der Gallenflüssigkeit, verlassen seine Eier bei der nächsten Darmentleerung des Wirtes ihr warmes und sicheres Zuhause – im Falle des Schafes können in einem Gramm Kot bis zu 5000 Eier liegen. Die Eier haben Großes vor und wollen die Welt erkunden! Mutter Egel hat natürlich gut für die Kleinen gesorgt: Sicher verpackt, sind die Eier geschützt gegen die kalte, raue Welt und können selbst den Winter überdauern. So liegen die Eier herum und warten und warten und warten. Worauf eigentlich? Sie warten auf eine Mitfahrgelegenheit namens Schnecke – genauer gesagt auf die Landlungenschnecke. Schnecken raspeln mit ihrer Zunge auf der Suche nach Nahrung den Untergrund ab. Hat die Schnecke einen schlechten Tag, erwischt sie einen Grashalm, auf dem die Eier des Leberegels kleben. So gelangen die Eier des Saugwurms in den Körper der Schnecke. In den Eiern schlummert ein Geheimnis namens Miracidien. Miracidien sind die Larven des kleinen Leberegels – also eine Art pubertäre Vorstufe zum erwachsenen Tier. Im Darm der Schnecke schlüpfen die Miracidien aus den Eiern und bilden eine hautähnliche Struktur um sich herum. So sind sie gut geschützt vor den Einflüssen ihres Wirts. Mit diesem Mäntelchen aus Zellen verwandeln sich die Miracidien in die Sporozysten erster Ordnung. Diese teilen sich und bringen die Tochterzellen hervor: die Sporozysten zweiter Ordnung. Nach einer weiteren Teilung nehmen unsere Leberegeleier nochmals eine neue Identität an und heißen nun Cercarien. Die Cercarien teilen sich nun für die nächsten drei bis vier Monate munter in der Schnecke vor sich hin, und wenn sie nicht gestorben sind – Moment, die Geschichte ist noch nicht vorbei!

Noch immer sind wir nicht beim ausgewachsenen Tier angekommen, denn die Cercarien sind ebenfalls Larven und somit Vorstufen. Sobald sie voll ausgewachsen sind, packt sie das Fernweh, und sie begeben sich auf Wanderschaft. Ziel ist die Atemhöhle der Schnecke mit einem Zwischenhalt in der Pankreas. Wie kleine Bergsteiger erklimmen die Cercarien mit ihren Haken die Atemhöhle der ahnungslosen Landlungenschnecke. Oben angekommen, bleibt ihre Anwesenheit nicht unentdeckt, und die Schnecke produziert Schleim, um sich der unliebsamen Gäste zu entledigen. In einem zwei Millimeter großen Schleimball sitzen nun 400 Cercarien reisefertig für den Abflug bereit. Die Cercarien verlassen die Schnecke samt dem Schleimball und müssen sich nun beeilen, denn sie haben in der Außenwelt ein Verfallsdatum von nur wenigen Tagen. Die Schleimballen liegen also nun faul auf der Wiese herum und – Sie ahnen es schon – warten nur auf den nächsten Wirt. So ein Schleimballen ist ein willkommener Pausensnack für Ameisen, doch dieses billige »Fast Food« hat seinen Preis … Hat die Ameise den Schleimtrojaner gierig hinuntergeschlungen, ist es zu spät: Die Cercarien des kleinen Leberegels haben ihr Ziel erreicht! In der Ameise machen sie es sich gemütlich und entwickeln sich in den nächsten ein bis zwei Monaten zur nächsten Stufe namens Metacercarie heran. Einige Cercarien hält es jedoch nicht auf den Stühlen, und sie begeben sich in der Ameise auf Erkundungstour. Es geht aus dem Magen gen Kopf in Richtung Nervensystem. Ihr Ziel ist ein Zellknoten im Nervensystem der Ameise namens Unterschlundganglion. Dieser Zellknoten steuert die Benutzung der Ameisen-Mundwerkzeuge. Sie ahnen vielleicht schon, was nun kommt. Es reicht die Übernahme der Steuerzentrale »Mundwerkzeug« durch eine einzige Leberegellarve, um die Ameise zum willenlosen Sklaven werden zu lassen. Von der Cercarie ferngesteuert, ändert sich das Verhalten der Ameise. Normalerweise ziehen sich die Ameisen in ihr Nest zurück, sobald am Abend die Temperaturen unter 15 Grad Celsius fallen. Eine von den Larven des Leberegels befallene Ameise denkt jedoch gar nicht daran, ins Bett zu gehen. Stattdessen erklimmt sie den nächstbesten Grashalm und beißt sich an dessen Spitze fest. Sie kann überhaupt nichts dagegen tun und ist ihrem Schicksal an der Spitze des Grashalmes bis zum nächsten Morgen ausgeliefert. Sobald die Temperaturen am Tag wieder steigen, löst sich das krampfhafte Festhalten der Ameise, und sie geht ihrem Tagesgeschäft nach, als wenn nichts gewesen wäre.

Die Frage ist jedoch, ob die Ameise den nächsten Morgen überhaupt noch erleben wird. Hängt sie so festgebissen am Gras herum, braucht das nächste Schaf nur einen großen Bissen zu nehmen, und schon ist die Ameise Geschichte. Mit ihr gelangen die Larven des kleinen Leberegels zurück in Schaf, Kuh oder Pferd. An dieser Stelle ist der Kreislauf geschlossen: Die Metacercarien in der Ameise finden ihren Weg in die Gallengänge des Endwirts und wachsen dort zum Leberegel heran. Sobald dieser Eier produziert, geht die ganze Geschichte von vorn los! Vom ersten Ei am Anfang der Leberegelreise bis zu diesem Moment sind für alle beteiligten Protagonisten sechs Monate vergangen. Die Geschichte des kleinen Parasiten ist ein ausnahmsloses Beispiel für einen zeitlich so abgestimmten Ablauf von Kommunikationsereignissen, dass es schon fast an Hexerei denken lässt. So viele Bedingungen und Umstände sind für das Überleben des kleinen Leberegels nötig, und dennoch – es funktioniert!

Eckstein, Eckstein, alles muss versteckt sein

Wo befinden Sie sich gerade mit Ihrer Aufmerksamkeit? Noch beim Lesen dieses Buches oder schon beim heutigen Abendessen, dem morgigen Meeting oder der Wochenendplanung? Wenn Sie sich jetzt angesprochen fühlen, sei Ihnen zum Trost gesagt, dass das ständige Zwiegespräch mit uns selbst mehr als menschlich ist. So mancher unserer Artgenossen läuft gedankenverloren durch die Straßen und rennt dabei Schilder und Menschen um. In der freien Wildbahn wird aus einem »Dieser Teilnehmer ist zurzeit nicht erreichbar« schnell ein »Kein Anschluss unter dieser Nummer«. Wechseln wir die Perspektive und rutschen auf der Nahrungskette ein paar Glieder nach unten hin zu denen, die gefressen werden. Willkommen auf der Reise in eine Welt, in der an jeder Ecke Gefahren lauern und wo die Bewohner nie wissen, ob sie den nächsten Moment überleben! Willkommen zur Kommunikation aus der Sicht tierischer Beute!

Die Wahrheit über Spongebob Schwammkopf

Es gibt eine US-amerikanische Zeichentrickserie mit Namen *SpongeBob SquarePants*, dessen Held ein im Meer lebender Schwamm ist. Der deutsche Titel der Serie *SpongeBob Schwammkopf* wurde leider etwas unglücklich gewählt, denn er führt den Fernsehzuschauer in die Irre: Schwämme gehören zu den wirbellosen Tieren und haben eigentlich gar keinen Kopf! Der Serienheld trägt zudem Schlips und Kragen und wohnt in einer Ananas. Schlips und Kragen sind allerdings gar nicht so weit hergeholt, denn echte Schwämme besitzen Kragenzellen, mit deren Hilfe sie Algen aus dem Wasser filtern. Wohnt der Serienheld in einer Ananas, machen es sich die Schwämme in der freien Natur lieber auf einer Koralle bequem. Schwämme springen auch nicht durch die Gegend, sondern sind in ihrer Lebensweise eher von der sesshaften Sorte. Ähnlich wie die Pflanzen und Pilze können sie nicht vor ihren Feinden davonlaufen, sondern müssen sich diesen tapfer stellen. So harmlos die kleinen Schwämme auf den ersten Blick wirken – sie sind alles andere als ihren Fressfeinden schutzlos ausgeliefert. Zunächst sind viele von ihnen über und über mit Kalkstacheln gespickt, die auch Teil ihres Körpergerüsts sind. Diese Stacheln sind für Räuber unverdauliche Bestandteile eines Schwamms – wer beißt schon gern auf Zahnstochern herum? Je größer diese Schwammspitzen sind, desto besser halten sie auch große Feinde wie zum Beispiel den Lippfisch »Blaukopf-Junker« *(Thalassoma bifasciatum)* von sich ab. Die kleinen Schwämme greifen allerdings auch zu chemischen Kampfstoffen und senden Giftstoffe aus, die ihre Feinde auf Abstand halten.

Bleiben wir noch einen Moment im Meer und statten den Weichtieren wie den Muscheln und Schnecken einen Besuch hab.

Nicht an Schnecken lecken

Zu den Weichtieren gehören neben den Schnecken auch Muscheln aller Art sowie Vertreter aus der Familie der Tintenfische. Die meisten Weichtiere tragen ein sie schützendes Gehäuse mit sich herum und leben im Wasser. »Nicht an Schnecken lecken« ist generell ein guter Rat für Lebewesen, die es auf Schnecken ohne Haus abgesehen haben. Der auf der Oberfläche befindliche Schleim vieler Nacktschnecken ist gleich doppelt wirksam: Er stellt einen mechanischen Schutzschild dar und ist oft gleichzeitig mit »chemischen Kampfstoffen« versehen. Trotz Abwehrmechanismen sind die meisten Weichtiere dennoch eine beliebte Beute für viele Räuber, denn sie sind bekanntermaßen nicht gerade die Schnellsten unter den Tieren.

Wissenschaftler beobachten anhand der Pilgermuschel *(Pecten jacobaeus)*, dass allerdings auch Schnecken auf der Flucht sein können. Die natürlichen Feinde der Pilgermuschel sind räuberische Seesternarten wie beispielsweise der Gemeine Seestern *(Asterias rubens)*. Fügten die Biologen dem Wasser Extrakte räuberischer Seesterne hinzu, reagierten die Muscheln prompt wie bei einem echten Feindangriff: Sie klappten sich zu oder machten sich mit großen Sprüngen und schnellen Schwimmbewegungen aus dem Staub. Das Extrakt eines Seesterns, der harmlos für die Muschel ist, löste hingegen keine Panik aus.

Eine ganz andere Überlebenstaktik nutzen viele Schnecken in der Gegenwart ihres Erzfeindes, der Krabbe. Krabben können mit ihren Scheren kräftig genug zupacken, um an das weiche Innere von Muscheln und Schnecken zu gelangen – vor ihnen müssen sich die Weichtiere somit besonders in Acht nehmen. Eine sich auf der Jagd befindende Krabbe verrät allerdings ihre Anwesenheit durch ihren Geruch. Die Schnecken nehmen den Feind somit schon aus großer Entfernung wahr und bereiten sich auf die Anwesenheit des Räubers vor, indem sie zunächst mit dem Fressen aufhören. In einem mehrmonatigen Verhaltensversuch legten sich die Miesmuschel *(Mytilus edulis)* und die Flache Strandschnecke *(Littorina obtusata)* als Anpassung an Duftstoffe räuberischer Krabben sogar eine dickere Schale zu. Können Räuber da überhaupt noch auf die Jagd gehen, wenn die Ausscheidung ihrer Stoffwechselprodukte ihr Kommen ankündigt? Biologen nehmen an, dass auch aufseiten der Jäger eine Anpassung stattfindet und diese einen Weg gefunden haben, ihre Ausdünstungen zu reduzieren und somit weniger verräterische Informationen an die Beute zu senden.

Seehasen sind keine Angsthasen

Bleiben wir noch ein bisschen bei den Abwehrmechanismen der Weichtiere. Die Seehasen haben wir bereits als besonders beliebte Studienobjekte der Neurobiologen kennengelernt. Sie verdanken ihren Namen zwei fühlerähnlichen Gebilden auf ihrem Kopf, die in ihrer Erscheinung an abstehende Hasenohren erinnern. Mit diesen Anhängen am Kopf – den Rhinophoren – können die Seehasen nicht nur die Bewegung des Wassers wahrnehmen. Sie sind auch besondere Empfangsstationen für chemische Stoffe, wie sie viele Schnecken in der Kommunikation mit Artgenossen einsetzen. Die Seehasen sind somit auch aus Sicht der Verhaltensbiologie besonders interessante Studienobjekte. So halten sich einige Vertreter wie der Kalifornische Seehase *(Aplysia californica)* unliebsame Gäste vom Schneckenhals, indem sie die Vernebelungstaktik einsetzen. Nähert sich ihnen ein Angreifer, geben die Seehasen eine ordentliche Ladung violetter Tinte ab. Diese intensive Farbwolke dient nicht nur dazu, die Sinne des Angreifers zu vernebeln. Sie ist auch ein Signal für Artgenossen, dass Gefahr im Verzug ist! Die Rohstoffe für die violette Tinte beziehen die Schnecken übrigens aus ihrer Rotalgen-Diät. Zusätzlich nehmen sie mit den Rotalgen auch giftige Stoffe auf. Diese lagern sich in der Haut der Seehasen ein und lassen sie für Fressfeinde wie Fische oder Vögel zum unappetitlichen Happen werden – beste Voraussetzungen also, um nicht vom Seehasen zum Angsthasen zu werden!

Chemische Kampfstoffe in der Insektenwelt

Wie der folgende Ausflug ins Grüne zeigt, setzen nicht nur Schnecken chemische Stoffe zur Abwehr ein. Es ist ein schöner Sommertag: Die Decke ist ausgebreitet, das leckere Essen ausgepackt, und alles scheint so friedlich. Dann spüren sie es: Eine Ameise, zwei Ameisen, zu viele Ameisen! Sie haben ihr Lager in der Nähe eines Ameisennests aufgeschlagen und sind nun im wahrsten Sinne des Wortes Staatsfeind Nummer eins. Ihre Anwesenheit gefällt den Ameisen gar nicht, und Sie bekommen dies mit einer Ladung Ameisensäure zu spüren. Diese zeigt umgehend Wirkung, und Sie packen schneller Ihre Siebensachen zusammen, als Sie »Ameisenscheiße« sagen können.

Die Ameisensäure heißt auch Methansäure und dient nicht nur den kleinen Insekten zur Abwehr großer Feinde. Sie erfüllt den Job der Abwehr auch bei der Brennnessel und bringt unsere Haut nach Kontakt mit den Haaren der Pflanze ordentlich zum Brennen. Ameisensäure wird aber durchaus auch vom Menschen geschätzt: Wir nutzen sie beispielsweise in der Alkoholherstellung und desinfizieren mit ihr Wein- und Bierfässer. Ameisensäure findet auch unter dem Kürzel »E236« ihren Weg in unsere Fruchtsäfte oder Lebkuchen und hält diese als Konservierungsmittel länger frisch. Früher wurde die Ameisensäure tatsächlich aus den Ameisen direkt gewonnen, wie ein historischer Text des Arztes Christoph Girtanner aus dem Jahr 1795 eindrücklich schildert: »Die Ameisensäure erhält man durch Destillation aus den Ameisen *(Formica rufa)*. Man destilliert Ameisen bei gelindem Feuer und erhält in der Vorlage die Ameisensäure. Sie macht ungefähr die Hälfte des Gewichtes der Ameisen aus. Oder man wäscht die Ameisen in kaltem Wasser ab, legt sie nachher auf ein Tuch und gießt kochendes Wasser darüber. Drückt man die Ameisen gelinde aus, wird die Säure stärker. Um die Säure zu reinigen, unterwirft man sie wiederholt der Destillation, und um sie zu konzentrieren, lässt man sie gefrieren.

Oder noch besser: Man sammelt Ameisen, presst sie aus, ohne Wasser, und destilliert die Säure davon.« Nur gut für die Ameisen, dass sich die Zeiten geändert haben!

Von sprengstoffbeladenen Käfern

Die nun folgende Geschichte von den Bombardierkäfern aus der Familie der Laufkäfer ist ein weiteres Beispiel dafür, wie Lebewesen im Kampf ums Überleben chemische Abwehrstoffe senden. Werden die Bombardierkäfer von einem Fressfeind wie einer Ameise bedroht, wird nicht lange gefackelt und der Krieg erklärt. Die wehrhaften Laufkäfer schießen giftige Gase mitten ins »Gesicht« ihres Angreifers, um ihn in die Flucht zu schlagen. Dabei nutzen sie eine ähnliche Technik, wie sie die Deutschen im Zweiten Weltkrieg für den Antrieb einer mit Sprengstoff beladenen Drohne namens »Fieseler Fi 103« einsetzten. Im Hinterleib der Käfer befindet sich alles, was sie für den Bau der Bombe benötigen: eine Drüse, eine Sammelblase und eine Explosionskammer. Damit sich der Bombardierkäfer nicht selbst in die Luft jagt, muss er zum richtigen Zeitpunkt die Bombe zünden. Der Käfer gibt dafür kurz vor dem Angriff einen Reaktionsstarter in die Sammelblase, in der sich die explosiven Chemikalien befinden. Ist die Reaktion einmal in Gang gekommen, wird viel Energie in Form von Wärme und hohem Druck frei. Diese Kombination ist doppelt effektiv: Der hohe Druck schleudert das 100 Grad Celsius heiße Gemisch mit einem lauten »Popp-Geräusch« auf den Angreifer. Dabei kann der Käfer seinen Hinterleib so flexibel bewegen, dass er sich beim Abschießen nicht umdrehen muss. Bombardierkäfer nutzen für einen Schuss immer nur einen Teil ihres Pulvers. Das ist auch der Grund, warum die im afrikanischen Kenia vorkommende Art *Stenaptinus insignis* besonders schnell nachladen und bis zu 500 »Bomben« pro Sekunde abfeuern kann.

Wenig Humor zeigen auch viele Stinkwanzen, sobald sie bedroht werden. Die Wipfel-Stachelwanzen *(Acanthosoma haemorrhoidale)* sind ungiftig und somit theoretisch ein gesunder Leckerbissen. Sie halten jedoch ihre Angreifer auf Distanz, indem sie einen übel riechenden Geruch absondern. Diese Duftstoffe sind so wirksam, dass sie sogar Vögel von der viel kleineren Wanze fernhalten.

Yoga für die Abwehr – das haut jede Unke um

Viele Tiere nutzen optische Informationen zur Abwehr ihrer Feinde – selbst wir Menschen verstehen diese Sprache, oder würden Sie sich einem zähnefletschenden Wolf, einer buckelnden Katze oder einem aufrecht stehenden Bären sorglos annähern? Eine besonders interessante Technik des Drohens wenden die zu den Amphibien gehörenden Unken an, indem sie Farben und Bewegungen miteinander verbinden. Die Gelbbauchunke *(Bombina variegata)* und die Rotbauchunke *(Bombina bombina)* leben in kleinen Tümpeln und haben ihren Namen dem gelben beziehungsweise roten Bauch zu verdanken. Ist Gefahr im Verzug, greift der sogenannte Unkenreflex: Die Tiere werfen sich auf den Rücken und gehen in eine Art Hohlkreuzstellung, um ihre kontrastreich gefärbte Körperunterseite zur Schau zu stellen. Der Unkenreflex heißt auch Kahnstellung und erinnert mich sehr an die »Bootsstellung« aus meiner Yogapraxis. Während ich diese Haltung aus Entspannungsgründen einnehme, ist der Informationsgehalt der Unken-Kahnstellung ein anderer: Die Tiere warnen mit dieser eigenwilligen Körperhaltung ihre Angreifer, denn der Schleim auf ihrer Haut ist giftig! Optische Warnungen in Form kontrastreicher Farben und auffälliger Körperhaltungen werden vor allem bei Säugetieren von akustischen Informationen wie kräftigem Fauchen, Knurren oder Brummen begleitet. Die Kombination verschiedener Kommunikationskanäle unterstreicht den Informationsgehalt der Drohgebärden und macht klar: Keinen Schritt näher!

Schrei, wenn du kannst

Viele Säugetiere und Vögel nutzen akustische Informationen, um Angreifer in die Flucht zu schlagen und Artgenossen zu alarmieren. Bevor wir nur einen Fuß in den Wald setzen, wissen seine Bewohner schon längst, dass wir da sind – der Ruf des Eichelhähers hallt weit durch den Wald und versetzt alle in Alarmbereitschaft. Die übermittelten Informationen solcher Rufe sind je nach Art unterschiedlich. Bei Vertretern aus der Familie der Hörnchen, wie den Erdhörnchen oder den Murmeltieren, geben die Warnrufe Hinweise über die Ernsthaftigkeit der Gefahrensituation. Die Zwitscherlaute des Belding-Backenhörnchens *(Spermophilus beldingi)* sind beispielsweise Signale für Artgenossen, dass es eine akute Feindbedrohung gibt und die Situation jederzeit schnell eskalieren kann. Senden die Backenhörnchen hingegen Trillerlaute aus, sind diese lediglich ein Zeichen für erhöhte Aufmerksamkeit und stellen noch keinen Grund zur Panik dar.

Die akustischen Signale der in Afrika lebenden Erdmännchen *(Suricata suricatta)* geben nicht nur Auskunft über den Ernst der Lage – sie enthalten auch Informationen über die Art des Angreifers. So gibt es eine ganze Reihe von Räubern, die es sowohl aus der Luft als auch vom Land aus auf die Erdmännchen abgesehen haben. Kein Wunder also, dass die Erdmännchen unterschiedliche akustische Signale für diese vielen Gefahren nutzen: Der Alarmruf für den Luftangriff durch den Kampfadler *(Polemaetus bellicosus)* unterscheidet sich von dem für den Angriff durch einen Schakal *(Canis mesomelas)* und wiederum von dem für die Anwesenheit einer Schlange wie der Kapkobra *(Naja nivea)*. Der Schlangenruf hat in der »Sprache« der Erdmännchen übrigens mehrere Bedeutungen und kann auch signalisieren, dass sich Spuren wie Kot, Urin oder Haare eines unbekannten Angreifers in der Nähe befinden. Dazu zählen auch Erdmännchen, die nicht der eigenen Gruppe angehören.

Affen wie die Äthiopische Grünmeerkatze *(Chlorocebus aethiops)* unterscheiden ebenfalls in ihren Alarmrufen zwischen verschiedenen Gefahren. So ist der Ruf für »Luftangriff« für sie ein Zeichen, den Kopf zu heben, nach der Gefahr von oben Ausschau zu halten und sich auf eine Flucht in Richtung schützendes Buschwerk vorzubereiten.

Lügen für das Leben

Der Spruch »In der Liebe und im Krieg ist alles erlaubt« scheint auch auf Räuber-Beute-Beziehungen zu passen. Wer von uns käme in der Situation als Beute nicht vom Weg der Tugend ab, wenn »so tun, als ob« das eigene Leben retten könnte? Ein prominentes Beispiel in Sachen Vortäuschen falscher Tatsachen sind Vertreter der Schwebfliegen. Die an sich harmlosen Insekten ahmen in ihrem Aussehen wehrhafte Wespen, Hornissen oder Bienen nach und schwirren dem Feind mit schnellen Flügelschlägen mutig vor der Nase herum. Die Schwebfliegen verlassen sich auf die optischen Informationen ihrer Vorbilder, welche bei Fressfeinden signalisieren: »Pfoten weg, ich bin giftig!« Je nach Art ist diese Nachahmung – die Mimikry – allerdings unterschiedlich gut. Während besonders große Schwebfliegen-Arten ihr giftiges Vorbild perfekt nachahmen, nehmen es die kleineren Arten nicht so genau und stellen lediglich eine »billige Kopie« des Originals dar. Solche Unterschiede in der Qualität der Nachahmung lassen sich am ehesten damit erklären, dass Räuber lieber »fette Beute schlagen« und es somit vor allem auf die großen Exemplare abgesehen haben. Die Gefahr, gefressen zu werden, ist bei kleinen Schwebfliegen geringer und somit auch die Notwendigkeit, den Feind mit einer besonders überzeugenden Maskerade in die Irre zu führen.

In die Irre führt auch das Opossum, denn es nutzt die Strategie des Sich-Totstellens – im Grunde ebenfalls nichts anderes als das lebensrettende Vortäuschen falscher Tatsachen. Viele Raubtiere reagieren nur auf zappelnde Beute und lassen leblose Tiere einfach liegen. Das Opossum ist ein Säugetier und beherrscht diesen Überlebenstrick besonders beeindruckend. Es lebt in Amerika und ist nicht zu verwechseln mit dem australischen Possum. Befindet sich das katzengroße Südopossum *(Didelphis marsupialis)* in echter Gefahr – beispielsweise wenn ein Räuber es greift und durchschüttelt –, beginnt es mit der Sterbeszene: Es rollt sich mit geöffneten Augen ein und steckt die Zunge heraus. In dieser Lage kann das Opossum bis zu mehrere Stunden reglos verharren. Ist die Gefahr vorbei, ersteht es von den vermeintlichen Toten auf und setzt seinen Weg fort, als wäre nichts gewesen. Diese eigenwillige Opossum-Strategie schaffte es mit dem Ausspruch »Playing Possum« sogar in den englischen Sprachgebrauch. Anscheinend nutzt wohl auch uns Menschen in der einen oder anderen Situation die Opossum-Strategie, und wir stellen uns lieber tot ...

Am besten erst gar nicht auffallen

Aktive Abwehrmechanismen sind eine Möglichkeit, sich zu wehren, doch dann ist es oft schon zu spät, und der Räuber hat die Beute entdeckt. Erst gar nicht auffallen ist daher nicht nur die Devise des Opossums. Gute Tarnung ist alles, und so bin ich über die Treffsicherheit in Sachen Farbmischung vieler Tiere immer wieder erstaunt. Insbesondere Reptilien, Amphibien und Fische sind Meister der Maskerade und passen sich ihrer Umgebung oft an, als wären sie ein Teil davon. Diese Form der Nachahmung des eigenen Lebensraumes heißt *Mimese*. Sie wird perfekt, wenn Farben und Formen mit Bewegungen kombiniert werden. So wirken die ruckartigen Bewegungen eines Chamäleons auf den ersten Blick wie eine eigenwillige Tanzdarbietung, doch in seinem Lebensraum ergeben diese optischen Informationen absolut Sinn. Der Herkuleskäfer *(Dynastes hercules)* ist ein weiteres Beispiel dafür, wie schnell Tiere ihre Farbe ändern können und mit ihrer Umgebung verschmelzen. Solange die Sonne scheint, ist der bis zu 17 Zentimeter große Käfer grün und passt somit bestens in seinen Lebensraum: die Wälder in Nord- und Südamerika. Beginnt es zu regnen, nehmen kleine Strukturen auf seiner Körperoberfläche Wasser auf und ändern dadurch ihre Form. Diese Formänderung führt dazu, dass sich das einfallende Licht anders bricht und nun eine andere Wellenlänge reflektiert wird. Auf diese Weise ändert sich die Farbe des Herkuleskäfers von Grün zu Schwarz. Was hat es mit dieser Farbänderung auf sich? Solange die Sonne scheint, ist der Käfer-Lebensraum Wald schön grün. Ziehen jedoch Wolken auf, verdunkelt sich der Wald und mit ihm der Herkuleskäfer – der Job als Wetterfrosch wäre diesem Käfer somit sicher!

Die letzte Geschichte zum Thema »Fressen und gefressen werden«

führt uns weg vom amerikanischen Kontinent zurück nach Deutschland in das Kieler Helmholtz-Zentrum für Ozeanforschung.

Warum der Krake lieber ein Plattfisch sein will

Wie kleine Furzkissen stapelten sich die jungen Plattfische in den großen Wassertanks der Kieler Forschungsstation. Die Doktorarbeit eines guten Freundes und Studienkollegen führte ihn in den hohen Norden, und ich nutzte die Chance, ihn dort zu besuchen. »Ich muss nur noch schnell meine Fische füttern«, rief er mir zu, als wir auf dem Weg zum Hafen waren. Meine biologische Neugier wollte natürlich aus nächster Nähe das Forschungsobjekt meines Freundes sehen, das den lateinischen Namen *Scophthalmus maximus* für Steinbutt trägt. Bis zu diesem Zeitpunkt kannte ich diese Fischart nur in geräucherter Form auf meinem Teller. Plattfische haben eine sehr eigenwillige Körperform, bei deren Anblick mir direkt der Nacken wehtut. Beide Augen befinden sich auf der linken Körperflanke, die andere Hälfte des Fisches liegt platt auf dem Boden. Die nach oben liegende linke Seite wirkt wie von kleinen Steinen übersät – daher auch der Name des Butts. In seinem Aussehen ist der Steinbutt optimal an den sandigen Meeresboden angepasst und entgeht so den Augen anderer räuberischer Fische.

Was dem Plattfisch hilft, scheint auch für den Lilliput Langarm-Oktopus *(Macrotritopus defilippi)* im Karibischen Meer recht und billig zu sein. Wissenschaftler filmten den am Meeresgrund lebenden Kraken, der nicht nur aussieht wie ein Plattfisch, sondern sich auch so verhält. So schwimmen die Tiere dicht am Meeresboden, lassen ihre acht Arme »gerade« sein und ziehen diese locker hinter sich her. Wie ein Plattfisch bewegen sie sich ebenfalls nur ruckartig vorwärts und sind dabei fast besser als das Original. Die folgende Zeichnung stammt jedoch von einem »echten« Plattfisch.

Beide Augen des Steinbutts *(Scophthalmus maximus)* befinden sich auf der linken Körperflanke. Die andere Hälfte des Fisches liegt platt auf dem Boden und ist in ihrer Färbung perfekt an den steinigen Lebensraum am Meeresgrund angepasst.

Zu mir oder zu dir?

Frauen sind, und Männer sowieso!

Im Tierreich investieren Weibchen von Anfang an verhältnismäßig viel in ihren potenziellen Nachwuchs, denn sie bilden nur wenige, dafür aber sehr große Geschlechtszellen namens Eizelle aus. Männchen produzieren in ihren Geschlechtsorganen hingegen sehr viele, dafür aber im Vergleich zur Eizelle viel kleinere Samenzellen. Hormone steuern die Reifung der Geschlechtszellen und stellen sicher, dass die Nachkommen zu solchen Jahreszeiten das Licht der Welt erblicken, in denen es besonders viel Nahrung gibt. So sind die Weibchen meist nur zu bestimmten Zeiten fruchtbar, während die Männchen theoretisch ständig zur Paarung bereit sind. In der Regel investieren die »Herren der Schöpfung« zudem viel weniger Zeit und Energie in die Aufzucht der Jungen. Zusammengefasst ist die Fortpflanzung für die Weibchen eine kostspieligere Angelegenheit als für die Männchen – und schon sind wir mitten im Konflikt der Geschlechter. Männchen und Weibchen sehen das Thema Fortpflanzung aus zwei ganz unterschiedlichen Blickwinkeln und haben verschiedene Motivationen dafür. So sind die Weibchen, was den Vater des zukünftigen Nachwuchses angeht, sehr wählerisch. Sie haben nur eine begrenzte Anzahl an Eizellen zur Verfügung, und für deren Befruchtung kommt natürlich nur das »beste« Männchen infrage. Ist der Vater gesund und somit attraktiv, ist die Wahrscheinlichkeit hoch, dass auch seine Nachkommen gute Chancen auf dem späteren Heiratsmarkt haben. Im Gegensatz dazu müssen Männchen nicht mit ihren Geschlechtszellen haushalten, denn sie haben ja genug davon. Je mehr Eizellen ihre Spermien erfolgreich befruchten, desto mehr eigene Nachkommen setzen sie in die Welt. Da es nun viel mehr Samenzellen als Eizellen gibt, bricht Konkurrenz unter den Männchen aus – die Nachfrage übersteigt einfach das Angebot. So buhlen und kämpfen die Herren der Schöpfung um die Gunst der Weibchen, was das Zeug hält. Dabei müssen sie sich jedoch sicher sein, dass die von ihnen gesendeten Signale auch den richtigen Adressaten erreichen. Sprich, wie und woran erkennt ein Männchen oder Weibchen in der Natur, dass die Kommunikation in Sachen Fortpflanzung mit dem gewünschten Empfänger derselben Art stattfindet?

Gehörst du zu mir?

Nun, woran erkennen Sie, dass Sie es mit einem Menschen zu tun haben und nicht mit einem Schaf oder einer Ziege? Sie haben irgendwann einmal gelernt, wie ein Mensch aussieht und dass Sie ebenfalls einer sind. Wenn Sie einen Artgenossen sehen, dann erkennen Sie ihn oder sie am menschlichen Aussehen und den für unsere Art typischen Bewegungen. Bei anderen Lebewesen funktioniert die Erkennung der eigenen Art nicht viel anders.

Auf den ersten Blick scheint das Balzverhalten bei Vögeln, Fischen oder Säugetieren nach willkürlichen Bewegungen auszusehen – doch diese »Zeichensprache« folgt einem genauen Muster. Das Balzverhalten übernimmt eine wichtige Aufgabe darin, zusammenzuführen, was zusammengehört. Die Männchen locken mit dem Balzverhalten gezielt Weibchen der eigenen Art an und führen oft bestimmte Gesten aus, die das Weibchen in Stimmung bringen sollen. Je nach Tierart gibt es die unterschiedlichsten Verhaltensweisen in der Balz – vom Kopf-in-den-Nacken-Werfen bei Vögeln über die Stellung des Schwanzes bei Affen bis hin zum Zickzack-Schwimmen bei Fischen. So halten Seepferdchen zunächst »Schwänzchen«, bevor aus den beiden Liebenden mehr werden kann. Mit der Schwanzspitze eng umschlungen flanieren Männchen und Weibchen über den Meeresboden – ein Zeichen, dass er »es ernst meint«.

Die Intensität und Dauer des Balzverhaltens mit allem Drum und Dran verrät so einiges über die körperliche Stärke des Männchens. Wer viel Zeit ins Flirten stecken kann, der muss in anderen Dingen, wie der Futtersuche oder der Abwehr von Feinden, besonders effizient sein. So viel Multitasking kommt bei der Damenwelt allem Anschein nach gut an und zeugt von den Qualitäten eines echten Traummanns. Dass es jedoch nicht immer ganz einfach ist, die eigene Art zu erkennen, zeigt die folgende Geschichte des kalifornischen Tiefsee-Kalmars *(Octopoteuthis deletron)*.

Tiefsee-Kalmare nehmen, was sie kriegen können

Männliche Tiefsee-Kalmare haben in Sachen Fortpflanzung ein kleines Problem: Ihr Lebensraum in einer Tiefe zwischen 400 und 800 Metern ist so dunkel, dass sie keine optischen Informationen bei der Partnerwahl nutzen können. Woran aber erkennen die Männchen nun, um welches Geschlecht es sich bei einem vorbeischwimmenden Artgenossen handelt? Die Antwort auf diese Frage brachten Forscher des amerikanischen Monterey-Bay-Aquariums im wahrsten Sinne des Wortes ans Tageslicht. Kleine Tiefseeroboter filmten Kalmare der Art *Octopoteuthis deletron* vor der kalifornischen Küste bei der Partnerwahl. Die Aufnahmen zeigten, dass sich die Männchen erst gar nicht die Mühe machten, das Geschlecht ihres Gegenübers herauszufinden. Sie fackelten nicht lange und nahmen jede Chance zur Paarung wahr, die ihnen vor die Tentakel kam. Woher die Wissenschaftler das so genau wissen? Männliche Tiefsee-Kalmare hinterlassen nach einem Begattungsversuch Reste von

Sperma auf dem anderen Geschlecht – wirklich nur auf dem anderen Geschlecht? So erkannten die Forscher diese typischen Spermaspuren im Video auch auf anderen männlichen Tiefsee-Kalmaren in einer solchen Häufigkeit, dass es sich um keinen Zufall mehr handeln konnte. Diese wahllosen Begattungen sind in der Natur die Ausnahme, denn auch die Produktion von Spermazellen und der Akt der Verpaarung selbst ist eine kostspielige Angelegenheit für männliche Tiere. Im Fall des Tiefsee-Kalmars nehmen die Forscher an, dass die zufällige Verpaarung in einem sonst so extremen Lebensraum wie der Tiefsee das geringere Übel ist. Die Zeit drängt, denn das Auffinden von Ressourcen wie Nahrung, aber auch geeigneter Paarungspartner gestaltet sich in 800 Meter Tiefe nicht immer so einfach. Treffen sich zwei Kalmare in den dunklen Weiten des Meeres dann doch einmal, kann »Kalmar-Mann« nicht noch Zeit damit vergeuden, herauszufinden, welches Geschlecht der Partner eigentlich hat. Das gilt vor allem für *Octopoteuthis deletron*, denn diese Art hat eine kurze Lebensspanne und pflanzt sich nur einmal fort.

Wir müssen gar nicht bis in die Tiefsee reisen, um weitere Beispiele für solche unwillkürlichen Verpaarungen zu finden. Die Männchen der Bettwanze *(Cimex lectularius)* sind ebenfalls nicht sehr wählerisch, wenn es um die Auswahl des Geschlechtspartners geht. Wieder verraten Spuren der Begattung durch die Männchen an ihren Artgenossen, mit wem sie es des Nachts in unseren Betten treiben. An der Bauchunterseite weiblicher Bettwanzen befindet sich eine kleine Schwellung, die von den Männchen mit einem penisartigen Organ durchstochen wird. Die Spermien der männlichen Bettwanzen gelangen auf diesem Weg direkt in den Körper der Weibchen. Als Folge dieser eigenwilligen Art der Begattung verbleibt eine Wunde an der Einstichstelle. Interessanterweise finden sich diese Wunden jedoch nicht nur bei den Weibchen. So bleiben auch männliche Bettwanzen nicht vor dieser sogenannten *traumatischen Insemination* durch andere Männchen verschont – wenn das keine Gleichstellung unter den Geschlechtern ist …

Was Weibchen wirklich wollen

Eine zufällige Verpaarung ist ganz und gar nicht im Sinne der Weibchen und die Auswahl des Partners enorm wichtig. Entsprechend lassen sich die Damen Zeit bei der Suche nach dem Mann fürs Leben. Bevor sich ein Weibchen für ein Männchen entscheidet, muss dieses sich erst beweisen und ihr zeigen, dass er ein guter Vater für die gemeinsamen Nachkommen sein wird. Woran aber erkennt ein Weibchen, dass es sich bei ihrem Auserwählten um einen guten Fang handelt? Zunächst zählt die Optik des Männchens, denn die körperliche Kondition enthält wichtige und in den meisten Fällen nur schwer zu fälschende Informationen über die Qualität des Männchens. Die Körpergröße scheint bereits ein gutes Zeichen für seine Gesundheit und Stärke zu sein. Große Männchen mit viel Testosteron sind aggressiver und somit gute Beschützer des gemeinsamen »Eigenheims« und der zukünftigen gemeinsamen Jungen. Es ist also kein Wunder, dass große Männchen bei den Damen besonders erfolgreich sind. Glänzende Federn, ein sauberes Fell oder gut durchblutete Hautpartien sind weitere Zeichen dafür, dass sich ein Männchen bei bester Gesundheit befindet und für sich sorgen kann. Wir kennen es selbst: Sind wir krank und haben eine Grippe, sehen andere Menschen uns dies meist sofort an der blassen Nasenspitze an. Sich mit einem gesunden Partner einzulassen, lässt die Chancen hingegen steigen, dass auch die eigenen Nachkommen den guten »Bauplan« erben und selbst lange leben, um sich erfolgreich fortzupflanzen. So senden Männchen nicht immer ehrliche Signale, wenn es um das Werben von Weibchen geht, und helfen mit optischen Hilfsmitteln wie fremden Federn nach. Da ist frau gut beraten, sich lieber ein eigenes Bild von den Qualitäten des zukünftigen Vaters ihrer Kinder zu machen. Viele Weibchen gehen dabei so weit, dass sie die Männchen in ihrem Alltag belauschen. Weibliche Flusskrebse der Art »Roter Amerikanischer Sumpfkrebs« *(Procambarus clarkii)* beobachten beispielsweise die Kämpfe der Männchen, welche diese um den Zugang zu Weibchen miteinander ausfechten. Stellen sich die Männchen danach der Damenwelt zur Wahl, entscheiden sich die Flusskrebsweibchen häufiger für den Gewinner der Zweikämpfe.

Mit Hab und Gut zum Erfolg

Viele Vögel und Insekten bringen zur Balz ein essbares Geschenk für die Weibchen mit als Zeichen, dass sie in der Lage sind, gutes Futter zu besorgen. Die männlichen Listspinnen *(Pisaura mirabilis)* verpacken beispielsweise kleine Fliegen kunstvoll in ihren Spinnfäden und überreichen das Präsent dem Weibchen bei ihrem »ersten Date«. Je größer das Geschenk, desto höher ist auch die Wahrscheinlichkeit, dass die Männchen bei einem Weibchen zum Zuge kommen. Doch wehe, wenn er es wagt, ihr Avancen zu machen, ohne ein Fliegenmitbringsel im Gepäck zu haben. In Verhaltensversuchen beobachteten Biologen der Universität Aarhus in Dänemark, dass die weiblichen Listspinnen für schlechte Manieren direkt die »Todesstrafe verhängten«. Sie fraßen Männchen ohne ein Geschenk viel häufiger auf als Männchen, die den Hunger des Weibchens vor dem »Sex« mit einer Fliegenmahlzeit stillten. Die besonders cleveren Männchen bieten zunächst dem Weibchen ihr Geschenk an, um gleich darauf in eine Starre zu verfallen und so den eigenen Tod vorzutäuschen. Lässt sich das Weibchen das essbare Geschenk schmecken, nutzt das Männchen die Gunst der Stunde: Es springt schnell von den Toten auf, um sich auf dem Weibchen in die richtige Paarungsposition zu bringen. Mit dieser Überrumpelungstaktik kamen im Versuch 89 Prozent der männlichen Listspinnen zum Sex – aber wo bleibt da noch die Romantik?

Das Beispiel der Ochsenfrösche *(Rana catesbeiana)* zeigt, dass sich Weibchen oftmals nicht mit einem nur kleinen Geschenk zufriedengeben. Sie wollen Männchen mit annehmlichen Ländereien! So ist der ideale Ort für die Aufzucht der Ochsenfroscheier ein warmes Gewässer, in dem die Vegetation nicht zu dicht wächst. Hier entwickeln sich die Froscheier bestens und sind zudem vor Fressfeinden, wie zum Beispiel dem Egel, geschützt. Solche idealen Lebensräume sind stark umkämpft bei den Männchen, und nur wer sich durchsetzt, bekommt den Immobilienzuschlag. Nennt ein Ochsenfroschmännchen erst einen lauwarmen Tümpel sein Eigen, lassen auch die Weibchen nicht lange auf sich warten! Mit seinen kräftigen Rufen weist er den Weibchen in bis zu zwei Kilometer Entfernung den Weg zu seinem herrschaftlichen Tümpel. Seinen Namen verdankt der Frosch übrigens genau diesen akustischen Signalen, die er zur Anlockung der Weibchen einsetzt. So sind die Brüller dieser Froschart eher dumpfer Natur und vergleichbar mit den Rufen eines Ochsen. Mit diesen namensgebenden Rufen hält sich das Ochsenfroschmännchen übrigens auch Rivalen auf Distanz: Wer will schon seine wertvolle Immobilie an einen Konkurrenten verlieren?

Laubenbau für die Damenwelt

Mit schicken Immobilien kennen sich auch die Männchen der Laubenvögel bestens aus. Diese in Australien und Neu Guinea vorkommenden Vertreter der Sperlingsvögel verdanken ihren Namen den Lauben, welche die Männchen als Balzplätze eigens für die Damenwelt herrichten.

Die Weibchen wählen anhand der Qualität der Lauben aus, mit welchem Männchen sie sich in der Laube paaren. Kein Wunder also, dass sich die Männchen bei der Ausstaffierung ihrer Liebeslaube so richtig ins Zeug legen. Mit größtem Eifer suchen die Laubenvogelmännchen Einrichtungsgegenstände in der passenden Farbe für die Weibchen aus. Von roten Beeren bis hin zu Coladosen ist alles dabei. Sie »streichen« sogar die Wände der Laube in der passenden Farbe, die sie aus dem Zerkauen von Pflanzen gewinnen und mit ihren Federn auftragen. Die Weibchen der verschiedenen Arten besitzen auch unterschiedliche Vorlieben, was die Farbgestaltung der Lauben angeht. Versetzt bei der einen Art eine Laube ganz in Blau die Damen in Verzückung, bevorzugen Weibchen einer anderen Art eher Lauben in der Farbe Grün oder Rot. Der australische Seidenlaubenvogel *(Ptilonorhynchus violaceus)* baut beispielsweise zunächst zwei parallel zueinander stehende Wände aus Zweigen auf. Diese Wände säumen auf 30 Zentimeter Länge eine Art Hof, an dessen nördlichem Ende der Vogel eine Plattform aus Zweigen errichtet. An dieser Plattform zeigt sich nun die ganze Kreativität des Laubenvogelmännchens – hier wird dekoriert und verziert, was das Zeug hält. Federn, Blumen oder sogar die Haut von Schlangen sollen die Laube in Glanz und Gloria erstrahlen lassen. Ziel ist es, zu den beeindruckendsten Häuslebauern in der Nachbarschaft zu gehören und möglichst viele Weibchen zur Paarung in die eigene Laube »abzuschleppen«. So bauen die Männchen fleißig vor sich hin und verteidigen ihre Laube vehement gegen andere Laubenvögelmännchen. Das ist auch nötig, denn im Baugewerbe der Liebeslauben geht es nicht immer fair zu. So manch ein Männchen lässt sich hinreißen, in einer Nacht-und-Nebel-Aktion die Laube eines Konkurrenten zu zerstören und wertvolle Dinge für das eigene Interieur mitzunehmen. Die Graulaubenvögel *(Ptilonorhynchus nuchalis)* nutzen sogar die Kraft der optischen Täuschung, um sich und ihre Laube aus der Perspektive der Weibchen noch größer wirken zu lassen. Sie positionieren dafür bis zu mehrere Hundert Objekte wie Steinchen oder Knochen in einer ganz bestimmten Art und Weise in dem Hof ihrer Laube. Ein länger andauerndes gemeinsames Glück zwischen den Liebenden wird es jedoch nicht geben. Nachdem die Begattung in der Laube vollzogen wurde, war's das auch schon mit der Zweisamkeit! Das Weibchen fliegt nach der Befruchtung davon und baut sich woanders ihr eigenes Nest, um die Jungen großzuziehen.

Je lauter, desto größer

Australien ist auch der Lebensraum, in dem unsere nächste Geschichte stattfindet. Viele Tiere nutzen akustische Signale, um die Weibchen von ihrer Qualität zu überzeugen – darunter auch der Koalabär *(Phascolarctos cinereus)*. Große Männchen senden besonders tiefe Rufe aus, mit denen sie die Weibchen auf sich aufmerksam machen wollen. Die Koaladamen können somit bereits aus der Ferne zwischen den rufenden Männchen auswählen und entscheiden sich in der Regel für die besonders großen Exemplare unter ihnen. Die Stimmgewalt der Koalamännchen stellte Biologen lange Zeit vor ein Rätsel, denn ihre Rufe sind in Tiefe und Lautstärke vergleichbar mit denen eines Elefantenbullen. Koalas besitzen jedoch weder Stimmbänder noch Kehlkopf in Elefanten-Ausführung – was ist also ihr Geheimnis?

Der Biologe David Reby und sein Kollege Benjamin Charlton der englischen Universität in Sussex fanden zusammen mit Forschern des Leibniz-Instituts für Zoo- und Wildtierforschung in Berlin des Rätsels Lösung in der Nase des Koalas. Hier befindet sich ein Hautlappen, den auch wir Menschen nur zu gut kennen, weil er für die nächtlichen Schnarchgeräusche verantwortlich ist. Der Koala hingegen nutzt diesen Hautlappen – auch Gaumensegel genannt –, um seine Rufe zu verstärken. Er senkt beim Rufen einfach seinen Kehlkopf ab und spannt dadurch zwei Hautfalten am Gaumensegel an. Diese Hautfalten lassen nun wie zwei kräftige Stimmbänder die einströmende Luft vibrieren. Das Ergebnis ist ein tiefer Ton zwischen zehn und 60 Hertz, bei dem jeder Elefantenbulle nur vor Neid erblassen kann.

Bleiben wir noch einen Moment bei den akustischen Signalen und reisen aus Australien zurück in die heimische Landschaft. Hier treffen wir auf das Rebhuhn *(Perdix perdix)*, einen kleinen braunen Vogel, dessen Paarungszeit im Februar/März beginnt. Das Rebhuhn ist ebenfalls ein schönes Beispiel dafür, wie auch akustische Signale Informationen über die Qualität ihres Senders enthalten. Rebhuhnmännchen mit einem höheren Testosterongehalt senden längere Paarungsrufe aus als ihre männlichen Artgenossen mit weniger Testosteron im Blut. Längere Paarungsrufe erhöhen nicht nur die Chance, dass diese von den Weibchen gehört werden. Sie sind auch ein Zeichen für das Weibchen, dass es sich beim Sender um einen ausdauernden und kraftvollen Hahn handelt. In Verhaltensversuchen entschieden sich die Weibchen somit häufiger für Männchen, die besonders lange Balzrufe sendeten. Der Schilfrohrsänger *Acrocephalus schoenobaenus* ist ebenfalls ein bei uns heimischer Vogel und verfügt über ein großes Gesangsrepertoire. Die Vögel suchen sich ein hohes Schilfrohr, von wo aus ihre akustischen Signale besonders gut in die Weite ziehen können. Der Gesang der Schilfrohrsänger beinhaltet lange Strophen, die sich aus Trillern, Pfiffen und sogar den imitierten Rufen anderer Arten zusammensetzen. Einige Männchen sind so geschickt im Singen, dass sie besonders viele unterschiedliche Strophen in ihrem Balzruf ver-

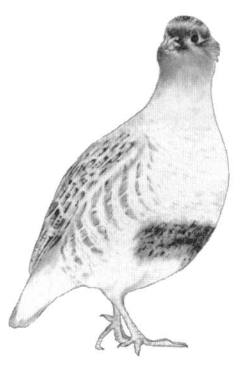

Das Rebhuhn *(Perdix perdix)* ist eine einheimische Vogelart, deren Paarungszeit im Februar/März beginnt. Je höher der Testosterongehalt der Männchen, desto ausdauernder ihre Paarungsrufe an das Weibchen (hier dargestellt).

einen. So viel Musikalität kommt bei der Damenwelt offenbar gut an: Je mehr Strophen ein Männchen vor sich hin trällert, desto schneller findet es auch ein Weibchen. Das folgende Beispiel tierischer Kommunikation zum Thema »Zu mir oder zu dir?« hat mich während meines Studiums so sehr begeistert, dass ich auch Sie daran teilhaben lassen möchte. Packen Sie sich jedoch lieber etwas zu essen ein, denn wir fahren nach Brandenburg.

Dirty Dancing à la Großtrappe

Ein besonders beeindruckendes Balzverhalten konnte ich während meines Studiums mit eigenen Augen sehen. Es war ein kalter Morgen im April, an dem ich mit Kommilitonen zusammengekauert auf einem Hochstand in den Brandenburger Weiten darauf wartete, dass sich die Großtrappe *(Otis tarda)* blicken lässt. Die Großtrappe ist eine kurz vor dem Aussterben stehende Vogelart und mit 16 Kilo der größte noch flugfähige Vogel Europas. Im Brandenburger Naturpark Westhavelland können die letzten Exemplare in Deutschland bewundert werden. Nach zwei Stunden in der morgendlichen Kälte hatten wir die Hoffnung schon fast aufgegeben, den scherzhaft als »Brandenburger Strauß« bezeichneten Vogel zu Gesicht zu bekommen. Plötzlich erschienen weit entfernt zwei Punkte in der Landschaft, und tatsächlich, da war sie, die Großtrappe. Zeitlich genau abgepasst, wollten wir unter kundiger Begleitung des Naturparkleiters Zeuge eines einzigartigen Spektakels werden, das sich alljährlich im Frühjahr auf den Brandenburger Äckern abspielt und sogar im Reiseführer mit den entzückenden Worten »Wo die Trappe pupst« beworben wird. Während die Vögel außerhalb der Paarungszeit in Gruppen des gleichen Geschlechts zusammenleben, finden sich im Frühjahr Männchen und Weibchen zur Paarung zusammen. Die Wahl liegt bei den Weibchen, und so fliegen sie mehrere Kilometer weit, um sich unter den balzenden Männchen die beste Partie auszusuchen. Die weite Reise der Weibchen lohnt sich, denn die männliche Großtrappe, auch Hahn genannt, stülpt für die Damenwelt sprichwörtlich sein Innerstes nach außen. Eben noch unscheinbar und gut getarnt in seinem braungrauen Federkleid, dreht er mit einem Ruck seine Flügel um und präsentiert die blütenweißen Ellbogenfedern der Flügelinnenseite. Damit nicht genug, auch der Schwanz wird auf den Rücken geklappt und somit dessen weiße Unterseite sichtbar. Den letzten Schliff bekommt das Disco-Outfit, indem der Hahn seine langen Bartfedern aufstellt. Wie ein großer Schneeball sieht das Männchen nun aus und erregt mit seiner Gestalt nicht nur die Aufmerksamkeit des weiblichen Publikums, sondern auch die vieler interessierter Vogelfreunde.

Die Show beginnt, sobald das Männchen sich ruckartig hin und her dreht. Wie wir vom Leiter des Naturparks erfuhren, schlägt das Herz der Tiere während der Balz sprichwörtlich immer höher für die Weibchen: Von 21 Schlägen pro Minute kann der Herzschlag auf bis zu 490 Schläge pro Minute ansteigen. Das Balzverhalten ist vornehmlich etwas für das Auge, denn Töne geben die Männchen nur gelegentlich von sich. Wird es bei der Balz dann doch etwas lauter, kann es daran liegen, dass dem Großtrappenmännchen vor lauter Aufregung ein Pups entfleucht ist. Wie Tonaufnahmen beweisen, pupsen Großtrappen tatsächlich während ihres Paarungsverhaltens – sozusagen ein Liebeslied in schiss-Moll oder die Brandenburger Version der Hollywood-Liebesgeschichte *Vom Winde verweht.*

Die Männchen der Großtrappe *(Otis tarda)*
drehen während der Balz mit einem Ruck ihre
Flügel um und präsentieren den Weibchen
ihre weißen Ellbogenfedern auf der Flügelinnenseite.
Auch die weiße Unterseite der Schwanzfedern
stellen die Großtrappenmännchen zur Schau.

Weibchen stehen auf Duft

Vom Winde verweht ist eine gute Überleitung zur nächsten Kommunikationsstation und der Frage: Wie verabreden sich eigentlich Wildkaninchen? In Wildkaninchengruppen sind die sozialen Strukturen klar definiert, und es gibt strenge Regeln, wer sich mit wem wann verpaaren darf. So hat das ranghöchste Männchen mehr oder weniger Zugang zu allen Weibchen in der Gruppe, während rangniedrigere Tiere das Nachsehen haben. Zu Beginn der Reproduktionszeit verändert sich die Zusammensetzung der Hormone und Duftstoffe im Kot sowie im Urin – ein Zeichen für die Kaninchen, dass es nun losgehen kann mit der Partnersuche. So steigt die Nutzung der Latrinen zur Fortpflanzungszeit auffällig an. Fand sich zum Beispiel ein Wildkaninchenweibchen an einer Latrine ein, um seine Paarungswilligkeit zu bekunden, ließ die Antwort eines Männchens in Form einer Latrinenbotschaft nicht lange auf sich warten. So sind Latrinen nicht nur bei Wildkaninchen ein Mittel der Wahl, um den richtigen Partner zu finden. Vertreter der Gazellen wie die Arabische Gazelle *(Gazella arabica)* oder der Mangusten wie das Erdmännchen *(Suricata suricatta)* nutzen ebenfalls Latrinen als Datingportal.

Warum Fische sich gegenseitig belauschen

Erinnern Sie sich noch an die lebend gebärenden Fische aus meiner Diplomarbeit? An dieser Stelle erfahren Sie nun, ob die männlichen Kärpflinge in Anwesenheit eines weiteren Männchens ihre Strategie in Sachen »Flirten« ändern. Fische leben im Schwarm, und somit findet auch die Partnerwahl nur selten »unter vier Augen« statt. Es gibt immer den einen oder anderen Artgenossen, der in der Nähe ist und einen womöglich bei der Partnerwahl beobachtet. Der Atlantikkärpfling *(Poecilia mexicana)* ist eine der wenigen Ausnahmen, bei denen die Männchen in Sachen Partnerwahl am Zuge sind. In so einem Kärpflingschwarm ist die Auswahl an Weibchen jedoch sehr groß und die Frage, für welche Fischdame sich ein Männchen entscheiden soll, nicht unerheblich. Der Wahlspruch »Was dem einen recht ist, ist dem anderen billig« trifft somit auch auf die männlichen Atlantikkärpflinge zu. Insbesondere noch unerfahrenen Männchen beobachten im Schwarm die Weibchenwahl anderer Männchen und kopieren diese. Auch wenn Konkurrenz bekanntlich das Geschäft belebt, reagieren die beobachteten Männchen auf solche »Lauschangriffe« mit einem Ablenkungsmanöver und verhalten sich anders. In einem Aquarium ließ ich die Männchen zwischen einem großen und einem kleinen Weibchen wählen. War kein »Zuschauer« anwesend, verbrachten die meisten Männchen mehr Zeit bei dem großen Weibchen. Diese Wahl ergibt durchaus Sinn, denn große Weibchen besitzen mehr Eizellen und sind somit fruchtbarer als kleinere Weibchen. Die Kärpflingmännchen bleiben jedoch ihrem »Frauentyp« nicht treu, wenn sich ein anderes Männchen in ihrer Nähe befindet und sie bei der Partnerwahl beobachtet. War neben dem zu wählenden Fisch noch ein anderes Männchen anwesend, zeigte der Wahl-Fisch daraufhin mehr Interesse an dem kleineren Weibchen. Offenbar versuchen die männlichen Kärpflinge ihre Rivalen absichtlich in die Irre zu führen – doch warum die ganze Maskerade? Es gibt verschiedene Theorien, warum es solche »Zuschauereffekte« in der Tierwelt gibt und Männchen falsche Informationen senden. Um zu verstehen, was die Motivation hinter solchen Verhaltensweisen sein kann, müssen wir noch einen genaueren Blick auf den Konflikt der Geschlechter werfen.

Flusskrebse pinkeln ihren Gegner an

Männchen besitzen viel mehr Samenzellen als Weibchen Eizellen, und so entbrennt ein Konkurrenzkampf um die Befruchtung der weiblichen Eizellen. Mit allen Mitteln versuchen die Herren der Schöpfung, nicht nur die Weibchen für sich zu gewinnen. Sie wollen auch lästige Rivalen davon abhalten, ihnen die Show zu stehlen und sich womöglich mit der Traumfrau aus dem Staub zu machen. So viel Aggression zwischen den Männchen kostet Ressourcen und kann mitunter in blutigen Kämpfen auch tödlich ausgehen. Im Wettstreit um das Vorrecht in Sachen Weibchen hauen sich beispielsweise Rothirsche sprichwörtlich die Köpfe ein. Damit es erst gar nicht so weit kommen muss, gehen Männchen vieler Arten solchen Kämpfen möglichst aus dem Weg. Anstatt ihre Waffen tatsächlich einzusetzen, demonstrieren sie sich diese nur oder beobachten sich gegenseitig, um vorab die Kampfkünste potenzieller Gegner einzuschätzen. Die Männchen der Fischart Grüner Schwertträger *(Xiphophorus helleri)* tun genau das: Sie beobachten die Auseinandersetzungen anderer Männchen und erhalten somit Informationen über deren Kampfeskraft. Auf diese Weise können sie bei einem Zusammentreffen mit dem nächsten Rivalen abschätzen, wann es sich lohnt, Paroli zu bieten, und wann sie als Verlierer aus dem Kampf hervorgehen. Der Galizische Sumpfkrebs *(Astacus leptodactylus)* ist ein weiteres Beispiel dafür, dass es sinnvoll ist, strategisch vorzugehen und sich nicht blindlings in einen Kampf zu stürzen. Damit es beim Aufeinandertreffen zweier Männchen nicht gleich hart auf hart kommt und die Scheren gewetzt werden, demonstrieren die beiden Kontrahenten ihre Manneskraft, indem sie sich gegenseitig anpinkeln. Anhand des Urins können die Flusskrebse den aktuellen Fitnesszustand des Gegenübers einschätzen und notfalls den »Krebsschwanz« einziehen.

Denken wir an die Atlantikkärpflinge zurück, könnte eine Erklärung für ihren Sinneswandel in Sachen Damenwahl sein, dass die Männchen solchen aggressiven Auseinandersetzungen mit anderen Männchen aus dem Weg gehen wollen. Indem sie sich einfach für ein weniger stark umkämpftes, kleines Weibchen entscheiden, vermeiden sie unnötigen Stress. In der Theorie ergibt diese Erklärung Sinn. Die Praxis zeigt allerdings, dass auch die Höhlenvariante des Kärpflings seine Partnerwahl vor anderen Männchen verschleiert. Sie erinnern sich vielleicht: Den Atlantikkärpfling gibt es auch als »Höhlenvariante« mit reduzierten Augen. Die Höhlenmänn-

Die Männchen des Rothirsches *(Cervus elaphus)*
tragen ein Geweih, mit dem sie sich zur
Paarungszeit im September bzw. Oktober gegen
andere Konkurrenten heftig zur Wehr setzen.
Mit im Urin befindlichen Duftstoffen locken
die Männchen die Weibchen an ihren Brunftplatz.

chen sind jedoch weitaus friedvoller im Umgang miteinander, denn ihre extreme Umwelt ist Stress genug – da müssen sie sich nicht noch gegenseitig die Fischköpfe einhauen. Was kann aber dann der Grund dafür sein, dass die Männchen lügen?

Spermienkonkurrenz – nur die Schnellsten kommen ans Ziel
Wie stark die Männerwelt in Konkurrenz zueinander steht, hängt sehr von dem Weg der Samenzellen zur Eizelle ab. Viele im und um das Wasser lebende Tiere wie Amphibien, Fische oder Ringelwürmer haben eine indirekte Befruchtung außerhalb des Körpers. Das Weibchen legt die Eier ab, das Männchen gibt seinen Samen dazu, fertig! Landwirbeltiere, einschließlich des Menschen, aber auch Haie, einige Knochenfische sowie viele Insekten und Spinnentiere besamen die Eizelle direkt und somit innerhalb des Weibchens. So stellen die lebend gebärenden Zahnkärpflinge wie der Atlantikkärpfling eine Ausnahme in Sachen Fischfortpflanzung dar. Wie der Name schon sagt, gebären die Weibchen die Jungen lebend. Das setzt voraus, dass ein Spermium die Eizelle direkt im Körper des Weibchens befruchtet. Die Kärpflingmännchen haben dafür eine Art Penis mit dem Namen »Gonopodium«. Sind die Männchen nah genug am Weibchen dran, holen sie schwungvoll mit diesem Körperanhang aus und versuchen, es zielsicher in die Genitalöffnung des Weibchens zu platzieren. War das »Gonopodium-Schwingen« erfolgreich, können sich die entlassenen Spermien direkt auf den Weg zur Eizelle begeben, um diese im Körper des Weibchens zu befruchten. Verpaart sich nun das Weibchen mit mehreren Männchen, entbrennt in ihrem Körper ein Kampf um die Befruchtung der Eizellen durch die Spermienzellen der verschiedenen Männchen. Die schnellsten und wehrhaftesten Spermien setzen sich durch und ziehen das große Los in der Lotterie des Lebens. Damit es erst gar nicht so weit kommt und womöglich ein fremdes Männchen das auserwählte Weibchen begattet, versuchen die Herren der Schöpfung durch die ganze Tierwelt hindurch, sich gegenseitig davon abzuhalten, mit Weibchen Sex zu haben.

Nicht teilen zu wollen kann auch der Grund sein, warum die

Männchen des Atlantikkärpflings ihre wahre Frauenvorliebe vor den Augen der Rivalen verschleiern. Kopiert der Zuschauer die Weibchenwahl, wird er sich für das kleine Fischweibchen entscheiden – und schon ist wieder ein Konkurrent weniger im Spiel im Rennen um die großen Weibchen. Wie weit die Herren der Schöpfung gehen, um das Monopol über die Damenwelt zu beherrschen, zeigen folgende Beispiele.

Die Männchen des südpazifischen Trauertintenfisches *(Sepia plangon)* legen während der Balz um die Weibchen ein unglaubliches schauspielerisches Talent an den Tag. Nähert sich ein potenzieller Rivale, schwimmt das Männchen an sein Weibchen heran und zeigt diesem seine männliche Seite. Gleichzeitig nimmt die andere, dem Rivalen zugewandte Seite des Tintenfischs die typische Färbung eines Weibchens an. Das fremde Männchen lässt sich beirren und bemerkt nicht, dass seine Annäherungsversuche völlig vergebens sind und er einem »Travestiekünstler« auf den Leim geht. Auf diese Weise lenken die männlichen Trauertintenfische andere Männchen geschickt vom eigenen Weibchen ab. Einige Tiere gehen sogar so weit und »putzen« den Genitaltrakt der Weibchen blitzeblank, bevor sie ihre eigenen Spermienzellen hineingeben. Dafür besitzen viele Insekten spezielle Strukturen, mit deren Hilfe sie die Spermien ihres Vorgängers aus den Weibchen entfernen. Die Männchen vieler Säugetierarten »versiegeln« das Weibchen kurzerhand nach dem Sex und kleben Schleimpropfen auf die Genitalöffnung der Weibchen. Mit so einem Keuschheitsgürtel verschaffen auch die Männchen des Europäischen Maulwurfs *(Talpa europaea)* ihren Spermienzellen einen zeitlichen Vorsprung, bevor das Weibchen sich mit dem nächsten Männchen einlässt. Um auf Nummer sicher zu gehen, parfümieren einige Arten diesen Genitalverschluss zusätzlich mit einem anti-aphrodisierenden Duftstoff ein. Die Männchen der Gold-Wespenspinne *(Argiope aurantia)* wählen sogar den Freitod, um das Weibchen von weiteren Liebschaften mit anderen Männchen abzuhalten. Sie sterben nach der Kopulation an einem anscheinend vorprogrammierten Tod, während sie sich noch in der Paarungsstellung befinden. So werden die Männchen selbst zu einem extrem schwer zu knackenden Keuschheitsgürtel für die Weibchen. Sie sehen schon: »Männer sind … Und Frauen auch … Überleg dir das mal!« – um es mit den Worten von Loriot zu sagen.

Exkurs – Ordnung in die Vielfalt bringen

Bevor wir zum letzten Teil dieses Kapitels kommen, möchte ich Sie auf einen kleinen Exkurs in die Geschichte der Biologie mitnehmen. Im Jahr 1758 brachte der schwedische Naturforscher Carl von Linné sein Buch *Systema Naturae* heraus. Wir Menschen waren von jeher von den vielen Lebewesen auf unserer Erde fasziniert, und das Buch von Carl von Linné war der erste große Versuch, die vielen Tier- und Pflanzenarten in ein System einzuordnen. Carl von Linné verglich das Aussehen und die Anatomie unzähliger Lebewesen und teilte sie anhand der beobachteten Unterschiede einzelnen Einheiten, den Taxa, zu. Das Leben ist jedoch sehr vielfältig, und so gleicht kein sexuell entstandenes Lebewesen einem anderen (ausgenommen eineiige Zwillinge). Zwei Lebewesen mögen sich stark in äußerlichen Eigenschaften voneinander unterscheiden und können dennoch zur selben Art gehören. Wir können uns das so vorstellen: Sie können zwei Schränke nach derselben Anleitung aufbauen, danach aber beide so gestalten, dass der eine Schrank farblich ins Schlafzimmer passt und der andere ins Wohnzimmer. Trotz unterschiedlicher Farbe und Größe handelt es sich dennoch um ein Möbelstück vom Typ »Schrank«. Nun stellen Sie sich vor, wie es Herrn Linné ergangen sein muss. Er sieht alle diese Möbelstücke in Ihrem Haus *aka* Lebewesen in der Natur zum ersten Mal und versucht sie in ein System zu bringen. Linné hatte zu seiner Zeit nicht die Möglichkeit, die Baupläne der Lebewesen zu entschlüsseln und diese für die Einteilung des Lebens zu nutzen. Stattdessen schaute er sich seine Mitlebewesen genau an und stützte seine Einteilung in die drei Reiche »Tiere«, »Pflanzen« und »Mineralien« rein auf die äußeren Eigenschaften des Lebens.

Heute stehen uns zur Beantwortung systematischer Fragen ganz andere Methoden zur Verfügung als Carl von Linné damals, und wir können einen Blick in die Baupläne der Lebewesen werfen und somit genau untersuchen, wie sie miteinander verwandt sind. Auf diese Weise sind wir heute auch in der Lage herauszufinden, ob Väter tatsächlich die biologischen Erzeuger ihrer Nachkommen sind. So galten Vögel früher als die Vorzeigetiere in Sachen Treue, doch Vaterschaftstests zeigten, dass nicht nur die Männchen fremdgehen. Die Weibchen lassen sich ebenfalls zu dem ein oder anderen Seitensprung hinreißen und legen ihren Partnern sprichwörtliche Kuckuckskinder ins Nest.

Zwei, drei, viele – Kommunikation in der Gruppe

In der Gesellschaft miteinander zu leben ist gar nicht so leicht: Sobald viele Lebewesen aufeinandertreffen oder sogar an einem Ort zusammenleben, knallen Welten aufeinander. Der eine will dies, der andere will das – schnell entbrennt ein Streit um Nahrung oder Paarungspartner. So kann es mitunter auch in den besten Familien ordentlich krachen, zum Beispiel wenn halbstarke Hirsche flügge werden und den Älteren Konkurrenz machen wollen.

Schwärme, Staaten, Familien – so leben Tiere zusammen

In der Welt der Tiere gibt es die unterschiedlichsten Lebensmodelle. Einige sind Einzelgänger und treffen immer nur dann auf Artgenossen, wenn sie einen Paarungspartner suchen oder die gleiche Nahrungsquelle nutzen. Andere leben nur ab und zu mit Artgenossen zusammen und trennen sich zu bestimmten Zeiten wieder von der Gruppe, zum Beispiel wenn Jungtiere »erwachsen« werden und ihre eigenen Wege gehen. Wieder andere leben ständig in großen Gruppen zusammen und helfen sich gegenseitig bei der Suche nach Nahrung oder bei der Aufzucht ihrer Nachkommen, wie beispielsweise in einem Bienenstaat. So gibt es die anonymen und offenen Verbände als eine Ansammlung von Artgenossen, die sich nicht persönlich kennen. Zwischen den Tieren wird immer eine gewisse Distanz eingehalten, die nur bei Gefahr oder Kälte unterschritten wird. Ein Vorteil des Gruppenlebens ist somit der gegenseitige Austausch an Körperwärme – je mehr Tiere zusammenrücken, desto kuscheliger wird es selbst in den kältesten Nächten.

Ein gutes Beispiel für solche anonymen, offenen Verbände sind Insekten-, Vogel- oder Fischschwärme. Es gibt jedoch auch Insekten wie Bienen, Termiten oder Ameisen, die in einem geschlossenen anonymen Verband zusammenleben. In solche Insektenstaaten werden die Mitglieder hineingeboren und gehören ihr Leben lang dazu – mitgefangen, mitgehangen! In geschlossenen Sozialsystemen leben auch viele Säugetiere wie Affen, Wildkaninchen oder Gazellen. Im Gegensatz zu den anonymen Insektenstaaten erkennen sich hier jedoch die Mitglieder der Gruppe durch individuelle Kommunikationssignale persönlich. Hier klappt das Zusammenleben meist nur durch eine klare Rangordnung, die im offenen Kampf entschieden wird. Sobald klar ist, wer das Sagen hat, genügen meist Drohgebärden, um den Laden am Laufen zu halten. Die Mitglieder in solchen geschlossenen und individualisierten Gruppen sind somit nicht oder nur sehr schwer gegen andere Artgenossen austauschbar. Die Familie gehört ebenfalls zu den geschlossenen und individualisierten Verbänden, in der mindestens ein Elternteil mit seinen Nachkommen zusammenlebt – wir Menschen sind dafür ein gutes Beispiel. Schauen wir uns die einzelnen Formen des Zusammenlebens etwas genauer an und vor allem, wie innerhalb der Gruppe kommuniziert wird.

Der Hering war's

Die einzelnen Artgenossen innerhalb eines Schwarms kennen sich nicht persönlich – umso erstaunlicher sind Filmaufnahmen, die zeigen, wie harmonisch sich Vogel- oder Fischschwärme als ein scheinbares Ganzes bewegen. Optische Informationen wie Farben oder Bewegungen dienen den Tieren für die Kommunikation und halten so den Schwarm zusammen. Wie die nun folgende Geschichte aus den Geheimakten der schwedischen Marine zeigt, nutzen Fische sogar akustische Informationen zur Koordinierung der Artgenossen. Im Jahr 1993 gaben Schwärme von Heringen der schwedischen Marine ein großes Rätsel auf, das sogar zu einem Fall der Staatssicherheit wurde. Ein U-Boot der Schweden nahm immer wieder verdächtige Signale auf dem Sonar wahr – einem Gerät, das mithilfe von ausgesendeten Schallwellen Objekte unter Wasser erfasst. Die Besatzung war sich einig: Es konnte sich bei den empfangenen Informationen nur um russische U-Boote handeln! Mal um Mal zeigten sich den Schweden die mysteriösen Unterwassergeräusche, doch sie konnten den Standort des vermeintlich russischen U-Boots nicht ermittelt. Auf der Suche nach Antworten zog die schwedische Marine sogar zwei Meeresbiologen zurate: eine gute Idee, wie sich sobald herausstellte. Die Biologen fanden schlussendlich heraus, worum es sich bei den vom U-Boot empfangenen Signalen handelte. Überraschung, es war alles andere als die Russen! Große Schwärme des Atlantischen Herings *(Clupea harengus)* lassen Luftblasen aufsteigen, deren Anwesenheit das Sonar des schwedischen U-Boots verwirrte. Diese erstaunliche Entdeckung konnten die Forscher allerdings erst Jahre später veröffentlichen, denn so lange galt es, Stillschweigen über den Fall »Hering« zu halten.

Wie genau die Heringe so viele Luftblasen erzeugen und vor allem warum, fanden kanadische und schottische Wissenschaftler mithilfe von Videoaufnahmen heraus. In menschlicher Gesellschaft führen öffentliche Winde eher dazu, aus der Gruppe ausgeschlossen zu werden. Nicht so beim Hering. Hier erzeugen die Tiere mit Absicht entweichende Gase, um den Schwarm zusammenzuhalten. Anders, als es in der Presse Schlagzeilen machte, handelt es sich bei der aus dem Hering entweichenden Luft nicht um Verdauungsgase. Es sind somit keine echten »Pupse«, die den Fischen zur Unterwasserkommunikation dienen. Tatsächlich pumpen die Heringe aktiv Luft aus ihrer Schwimmblase in den Analtrakt und erzeugen auf diese Weise pulsierende Geräusche. Die Hering-Pulse folgen mit 22 Kilohertz schnell aufeinander und sind volle acht Sekunden lang unter Wasser zu hören. Im Gegensatz zu den meisten anderen Fischen besitzen Heringe zusätzlich zur Schwimmblase Ausstülpungen, die Schallwellen verstärken und zum Innenohr weiterleiten. Sie können auf diese Weise verhältnismäßig gut hören.

Eine Funktion der per Luftpuls erzeugten Schockwellen könnte somit die Koordination des Schwarms während der Nacht sein, wenn optische Signale versagen. »Der Hering war's!« wäre also in Zukunft eine plausible Ausrede für plötzliche Flatulenz unter Wasser, die zu ausgeprägter Blasenbildung an der Oberfläche führt.

Sagt eine Biene zur anderen

Der Nachbar meiner Eltern ist Imker, und seine Bienen tummeln sich jeden Sommer in unserem Garten. Während meine Mutter sich über die Bestäuber ihrer Blumen und Obstbäume freut, wird mein Vater regelmäßig Ziel der Bienenstacheln. Als eine Art Schmerzensgeld gibt es daher immer mal wieder vom Nachbarn ein Glas Honig geschenkt. Das süße Gold genüsslich als Kind verzehrend, fragte ich mich oft, wie die Honigbiene *(Apis mellifera)* eigentlich ihre Nahrung findet. Die detaillierte Antwort erhielt ich in meinem Studium und war wieder einmal mehr als platt über den Einfallsreichtum der Natur in Sachen Kommunikation.

Wie in einem echten Staat gibt es auch bei den Bienen Arbeitsteilung. Die Aufgabe der Suchbienen ist es zum Beispiel, auszuschwirren und den süßen Nektar der Blütenpflanzen zu finden. Ist die Biene fündig geworden, nimmt sie eine Duftprobe der Nahrungsquelle mit und kehrt mit dieser Information zurück zu ihrem Bienenstock. Nun gilt es, die Kolleginnen aus der Sammelabteilung davon zu überzeugen, dass es sich lohnt, an den ausgekundschafteten Ort zu fliegen. Wie würden Sie Ihren Artgenossen erklären, dass es reiche Beute zu schlagen gibt, wenn Sie dafür nicht Ihre Stimme benutzen könnten? Hier ist die Körpersprache der Schlüssel zum Erfolg! Befindet sich die leckere Blütenpracht gleich in der Nähe und ist nur maximal 100 Meter entfernt, führt die Kundschafterbiene einen Rundtanz auf. Sie läuft dabei mal rechts und mal links herum im Kreis. Je energischer und lebhafter sie sich im Kreis dreht, desto reichhaltiger ist die Futterstelle. Zum Beweis hat die Suchbiene das Duftpröbchen der Nahrungsquelle im Gepäck. Befindet sich der Nektarreichtum hingegen weiter entfernt, wechselt die Suchbiene die »Tanzart«. Aus dem Rundtanz geht sie in den

Die Honigbiene *(Apis mellifera)* nutzt
eine Abfolge von Körperbewegungen in ihrem
Rundtanz, mit denen sie Artgenossen den Weg
zur Futterquelle beschreibt. Sobald sich diese
Futterquelle weiter weg als 100 Meter befindet,
wechselt die Suchbiene in den Schwänzeltanz.

Schwänzeltanz über, der in seiner Form an eine getanzte Acht erinnert. Mit dieser weitaus aufwendigeren Darbietung übermitteln die Bienen Informationen über die Richtung und Entfernung der Nahrungsquelle. Sie senden jedoch nicht nur optische, sondern auch akustische Informationen an die Artgenossen. Die mechanischen Vibrationen entstehen beispielsweise durch die Flügelbewegungen der Biene, die bis zu 200 Hertz erreichen können. In Schwingung geraten die Insekten so richtig während ihres Schütteltanzes – auch Putztanz genannt. Eine Biene beginnt schnell mit den Beinen zu trippeln und sich zu schütteln. Dabei versucht sie sich selbst die Flügel zu säubern. In Kontakt mit einer anderen Biene werden die mechanischen Schwingungen übertragen und die Nachbarbiene direkt mit durchgerüttelt. Warum so eine Schüttelpartie? Mit diesen Vibrationen können sich die Bienen anscheinend gegenseitig »wachrütteln« und sich für Verhaltensweisen motivieren wie zum Beispiel die gegenseitige Körperpflege. Gut, dass wir Menschen unsere Stimme besitzen. Oder wäre so ein Schütteltanz nicht auch etwas herrlich Kommunikatives?

Duftzäune grenzen das Zuhause ab

Lüften wir nun endlich das Geheimnis, wie Tiere mithilfe von gemeinsam genutzten Toiletten kommunizieren – den Latrinen. Die Ansammlung von Kot und Urin an einem Platz findet in den individualisierten Verbänden vieler Säugetiere eine wichtige Anwendung als Kommunikationsmittel. So teilen sich in der Gruppe lebende Tiere meist ein Gebiet, in dem es viel Nahrung und Schutz vor Feinden gibt. Dieses Gebiet, auch Territorium genannt, wird gemeinsam gegen Eindringlinge verteidigt. Mithilfe von Latrinen markieren Dachse, Gazellen oder auch Wildkaninchen ihr Territorium und zeigen damit optisch an, wo das eigene Zuhause aufhört und das einer anderen Gruppe beginnt. In Feldstudien an verschiedenen Tierarten fiel auf, dass sich an den Grenzen der Territorien besonders große Latrinen befinden. Diese Randlatrinen patrouillieren die ranghöchsten Männchen vor allem während der Paarungszeit und frischen sie durch intensives Markieren regelmäßig neu auf. So viel Einsatz an der Latrinenfront zahlt sich aus, denn in der Paarungszeit konkurrieren die Männchen nicht nur um den Zugang zu Weibchen. Der Verlust des eigenen Territoriums an einen außenstehenden Konkurrenten steht ebenfalls auf dem Spiel. Wir können uns diese Randlatrinen wie große »Betreten verboten, Eltern haften für ihre Kinder!«-Schilder entlang eines Privatgrundstücks vorstellen. Die zu sendende Nachricht der Säugetier-Latrine richtet sich in diesem Fall an Artgenossen, die nicht zur selben Gruppe gehören und auf die Idee kommen könnten, sich ein fremdes Territorium unter den Nagel zu reißen. Die Anlage solcher Duftzäune ist zwar zunächst mit Kosten verbunden, diese zahlen sich aber mehrfach aus, denn die »Zaunlatrinen« sind so etwas wie eine multimediale Warnung – ein Mittel der gewaltfreien Kommunikation. Durch ihre Größe und ihren Geruch signalisieren sie die Ernsthaftigkeit, mit der das Hab und Gut notfalls verteidigt wird. Bevor sich ein Eindringling blindlings in einen Kampf mit dem Besitzer des Territoriums stürzt, kann er zum Beispiel anhand des Testosterongehalts in den Latrinen abschätzen, ob er dem ranghöchsten Männchen der Gruppe ebenbürtig ist oder den Kürzeren ziehen wird.

Sicherheitssystem Latrine – Du kommst hier nicht rein

Warum die Nutzung von Latrinen sogar Leben retten kann, zeigt das Märchen vom Wolf und den sieben Geißlein. Als Kind mochte ich es besonders gern, nicht nur weil es thematisch so gut zu meinem Nachnamen passte. In der Grimm'schen Erzählung versucht der Wolf, die sieben Geißleinkinder davon zu überzeugen, dass er die Mutter der Kleinen ist und sie ihm die Tür aufsperren sollen. Aus zwei Fehlversuchen hat der Wolf gelernt, und so imitiert er beim dritten Mal nicht nur die höhere Stimme der Geißenmutter. Er unterzieht zudem seine Pfote einer Fellkoloration von Tiefschwarz nach Ziegenweiß. Liebliche Stimme und weiße Pfote sind die Schlüsselsignale für die Geißenkinder, anhand derer sie ihre Ziegenmutter erkennen. So fallen sie auf die List des Wolfes herein, sperren ihm die Tür auf, und das Unglück nimmt seinen Lauf. Der Wolf schlägt sich den Wanst mit sechs Geißlein voll. Dank eines besonders cleveren Geißenkindes geht aber doch noch alles gut aus, und der Wolf hat am Ende das Nachsehen. Worauf ich hinauswill: Die sieben Geißlein hätten sich dieses Kindheitstrauma ersparen können, wäre nur eines von ihnen auf die Idee gekommen, den Besucher an der Tür nach einer frischen Kot- oder Urinprobe zu fragen! Der Wolf im Ziegenpelz wäre sofort aufgeflogen, denn solche individuellen Duftstoffe sind selbst für einen Grimm'schen Märchenwolf schwer zu fälschen.

Tatsächlich nutzen viele Tiere im wahren Leben chemische Informationen für die individuelle Erkennung der Artgenossen. Was könnte da besser zur Duftvisitenkarte taugen als eine frische Latrine? Im Gegensatz zu den Zaunlatrinen nutzen in einer Gruppe von Wildkaninchen alle Mitglieder die zentralen Latrinen im Zentrum des Territoriums – selbst die wenige Monate alten Jungtiere. Durch die gemeinsame Nutzung der zentralen Latrinen hinterlässt nicht nur jedes Mitglied der Gruppe seine ganz persönliche Duftnote. An den gemeinsamen Tiertoiletten mischen sich die Gerüche zu einem unverwechselbaren »Hausmief« zusammen, den die Gruppenmitglieder ganz automatisch bei der Latrinennutzung aufnehmen. Das ist auch der Grund, warum sich die jungen Wildkaninchen in den Latrinen am heimischen Bau wälzen. Setzt sich dieser Geruch nicht in ihrem Fell fest, gehören sie theoretisch auch nicht zur Gruppe. Selbst bei erwachsenen Tieren scheint der hauseigene Toilettenduft die Gewissheit der Zugehörigkeit und somit eine Art Geborgenheitsgefühl auszulösen. Diese zentralen Kot- und Urinstellen dicht am Bau ermöglichen allen Gruppenmitgliedern über wichtige Informationen jedes Einzelnen »up to date« zu sein, zum Beispiel über den sozialen Status oder die Paarungsbereitschaft. Das »Heimscheißen« erfüllt somit wichtige Funktionen in der Kommunikation der Gruppe – in etwa so, wie wenn wir uns abends bei einem Kneipenstammtisch treffen oder im Büro mit Kollegen den morgendlichen Kaffeeklatsch in der Küche abhalten.

Geschäftsführung auf die andere Art oder: Stellen Sie sich vor, Sie sind ein Dachs!

Apropos Büro. Was hat die Anlage eines Latrinen-Kommunikationsnetzwerks mit Unternehmensführung zu tun? Ich behaupte, sehr viel! So wie uns Menschen steht auch Tieren ein gewisses Maß an Ressourcen wie Zeit und Energie zur Verfügung. Insbesondere der Aufbau eines Latrinennetzwerks stellt Dachse oder Wildkaninchen vor zahlreiche Entscheidungen in Sachen Ökonomie und Zeitmanagement. Ich lade Sie zu einem Gedankenexperiment ein, um Ihnen zu zeigen, was ich meine.

Stellen Sie sich vor, Sie wären ein Dachs und müssten ein Kommunikationsnetzwerk aus Latrinen anlegen. Nehmen Sie sich etwas zu schreiben und einen Moment Zeit. Zeichnen Sie den Dachsbau als ein Kreuz in die Mitte des Blattes. Ziehen Sie nun einen Kreis um den Bau – das ist die Grenze Ihres Territoriums. In Ihrer Dachsgruppe befinden sich noch weitere Mitglieder, mit denen Sie zusammen circa 15 Latrinen gut gemeinsam anlegen und instand halten können. Spielen Sie nun einfach ein wenig mit der Aufteilung der Latrinen auf Ihrem Blatt Papier, und verteilen Sie die Kommunikationszentralen, wie Sie es für richtig halten. Ziel ist es, sowohl die Grenzen Ihres Territoriums zu schützen als auch zentrale Latrinen für die Kommunikation der Gruppe anzulegen. Welche Fragen müssten Sie sich dabei stellen? Nehmen wir folgende Situation an: Ihr Baugrundstück befindet sich in einer beliebten Gegend, der Grundstücksmarkt ist schwer umkämpft, und es gibt viele Interessenten. Die Absicherung der Territoriengrenzen ist also sehr wichtig, wollen Sie sich nicht ständig mit unangemeldetem Besuch herumschlagen. Sollten Sie also alle Latrinen am Rand des Territoriums anlegen? Was ist dann aber mit der internen Kommunikation? Wie viele Latrinen braucht es, damit sich Ihre Gruppenmitglieder untereinander austauschen können? Bedenken Sie auch, dass Sie mit den zentralen Latrinen wichtigen Ressourcen innerhalb Ihres Territoriums den Stempel »Pfoten weg – meins!« aufdrücken können. Dazu gehören der Dachsbau sowie besonders ergiebige Futterstellen. Einmal angelegt, müssen Sie die Latrinen regelmäßig kontrollieren und auffrischen. Wie erwähnt, ist Ihr Grundstück sehr groß, und jeder Weg vom Bau bis zum Rand des Territoriums kostet viel Zeit. Hier nun kommt es zu einer Kosten-Nutzen-Frage: Wie viele Latrinen braucht es an den Grenzen, um das eigene Grundstück vor einer feindlichen Übernahme zu schützen? Je mehr Latrinen angelegt und gepflegt werden müssen, desto weniger Zeit steht Ihnen für andere Tätigkeiten wie Nahrungssuche oder Paarung zur Verfügung. Und wer will schon ein Stunde Toilettendienst gegen ein ruhiges Schäferstündchen eintauschen? Sie sehen – die Anlage so eines Latrinennetzwerkes ist alles andere als trivial und bedarf einer echten Kosten-Nutzen-Kalkulierung.

Es ist somit kein Wunder, dass Säugetiere tatsächlich unterschiedliche Latrinenstrategien anwenden. Die afrikanische Tüpfelhyäne *(Crocuta crocuta)* legt beispielsweise relativ kleine Territorien an und steckt deren Grenzen mit zahlreichen Latrinen ab. Die Braune Hyäne *(Hyaena brunnea)* nennt hingegen ein sehr großes Territorium ihr Eigen und wendet im Gegensatz zur Tüpfelhyäne die »Hinterlandtaktik« an. Anstatt viele Latrinen an der sehr langen Grundstücksgrenze zu platzieren, verteilt die Braune Hyäne die Kot- und Urinstellen innerhalb ihres Territoriums. Computermodelle zeigten, dass diese Latrinenverteilung tatsächlich die sinnvollste ist, wenn es um die Wahrscheinlichkeit geht, dass ein Eindringling auf ein

Der Europäische Dachs *(Meles meles)* nutzt in naturnahen Lebensräumen Anhäufungen von Kot und Urin *(Latrinen)*, um die Grenzen
des Territoriums sowie wichtige Ressourcen innerhalb dieses Gebietes
zu markieren. Je nach Größe des Territoriums und der Dachsgruppe
unterscheidet sich die Anzahl der Grenzlatrinen sowie die Häufigkeit,
mit der die Kot- und Urinstellen erneuert werden.

»Betreten verboten«-Schild stoßen soll. Für die Tüpfelhyäne ist diese
Art der Markierung offenbar ein guter Mittelweg zwischen Kosten
und Nutzen der Latrinenanlage.

Beim Europäischen Dachs tragen die zentralen Toiletten innerhalb des Territoriums den Namen »Hinterlandlatrinen«, weil sich
oft mehrere Hundert Meter zwischen den Latrinen an den Grenzen
der Territorien und solchen an den Dachsbauten im Zentrum erstrecken. Forscher aus England wollten wissen, welche Kommunikationsstrategien Dachse in unterschiedlich großen Territorien bei vergleichbarer Gruppengröße als beste Lösung sehen. Je größer das
Territorium, desto mehr Latrinen legten die Dachse an. Manche
Dachsgruppen nannten eine Fläche von mehr als 80 Hektar ihr
Eigen, also eine Fläche so groß wie fast 60 Fußballfelder. Das Kommunikationsnetzwerk in diesen großen Territorien bestand aus bis
zu 70 Latrinen, die meisten davon waren als Duftzaun an den Rändern angelegt. Auffällig war, dass die Forscher an diesen Latrinen

im Vergleich zu solchen in kleineren Territorien weniger frische Kotpellets fanden. Sprich, die Dachse hatten zwar mehr Latrinen in großen Territorien, aber diese wurden seltener genutzt. Bleibt für mich die Frage, woher Dachse, Wildkaninchen & Co. wissen, was die beste Lösung für ihre Kommunikationsabteilung ist? Wieder einmal haut mich so viel Know-how in der Natur vom Hocker, oder sollte ich lieber sagen, von der Latrine?

TEIL III

Was, wenn sich alles ändert?

6 Als die Tiere den Wald verließen

Die vielen Beispiele des erfolgreichen Austausches von Informationen zwischen Lebewesen sind die Folge einer genauen Abstimmung des Senders auf den Empfänger. Die Entwicklung solcher Informationsnetzwerke ist obendrein maßgeblich vom Lebensraum beeinflusst: Wo befindet sich der Empfänger? Welche Kanäle stehen zur Verfügung? Welche Barrieren gibt es, die Informationen überwinden müssen? So braucht es viele Generationen, bis eine gut funktionierende Kommunikation »eingeschliffen« ist – doch was passiert eigentlich, wenn sich die Dinge ändern? Ein wichtiges Merkmal des Lebens ist die Fähigkeit zur Anpassung an einen sich wandelnden Lebensraum und somit zur Weiterentwicklung. Natürlich gilt dies auch für das Senden und Empfangen von Informationen.

Nur die Harten kommen in den Stadtgarten

Wildschweine in Berlin, Waschbären in Kassel oder Siebenschläfer in Osnabrück – in den letzten Jahren häuften sich Meldungen über Wildtiere in den Städten. Offenbar zieht es nicht nur Menschen in die Ballungsräume, es herrscht wohl auch eine Landflucht unter Tieren. Grund dafür ist vor allem die menschliche Nutzung der verbliebenen naturnahen Lebensräume. Intensive Landwirtschaft und die Ausbreitung der Städte zwingen Wildtiere, ihre zuvor ungestörte Heimat zu verlassen und in andere Gebiete abzuwandern. Im Gegensatz zu den offenen und leer geräumten ländlichen Gegenden bieten Städte mit ihren Parks, Gärten und Grünanlagen eine Vielzahl an geeigneten »Wohnmöglichkeiten« für verschiedene

Tier- und Pflanzenarten. So scheinen sich solche Arten erfolgreicher in der Stadt anzusiedeln, die besonders »mutig« sind und nicht bei jedem Passanten vor Panik das Weite suchen. »Erfindergeist« und »Flexibilität« sind ebenfalls gefragt, um die vielen Gaben der Stadt wie Nahrung oder Nist- und Versteckmöglichkeiten für sich zu erschließen. Nicht ohne Grund sind es oft die gleichen Kandidaten wie Fuchs, Wildschwein oder Waschbär, die in den Städten hohe Dichten erreichen und zu Konflikten mit uns Menschen führen. Im städtischen Lebensraum gibt es auch viele exotische Pflanzen, die wir absichtlich wegen ihrer Farbenpracht anpflanzen, obwohl sie gar nicht in unsere Gegend gehören. Diese Exoten sprechen somit auch aus biologischer Sicht eine andere Sprache und können ein Grund dafür sein, dass sich die Beziehungen zwischen den Lebewesen in einem Lebensraum auf lange Sicht ändern.

Warum Torontos neue Mülltonnen für die Tonne waren

Städte sind besonders interessant, wenn es um die Erforschung der Kommunikation zwischen Lebewesen geht. Hier wechseln die Lebensumstände im Vergleich zu naturnahen Lebensräumen schneller, und es überleben langfristig nur Arten in der Stadt, die sich an solche Veränderungen anpassen können. Wie gut einige Tiere dazu in der Lage sind, zeigt folgende Geschichte über die schlauen Waschbären *(Procyron lotor)* in der kanadischen Stadt Toronto.

Die an sich possierlichen Tiere plündern regelmäßig die Mülltonnen und laben sich an den Lebensmittelresten, die täglich in einer Großstadt anfallen. In der Nacht kommen die Waschbären aus ihren Verstecken, schubsen einfach die Mülltonnen um und nehmen sich, was sie brauchen. Der herumliegende restliche Müll zeugt am nächsten Morgen von der nächtlichen Aktion der zur Familie der Kleinbären gehörenden Tiere. Die Stadtväter Torontos waren diesen alltäglichen Anblick auf den Straßen leid und beschlossen Ende der 1990er-Jahre, den Waschbären den Hahn zur Futterquelle abzudrehen. Wie schwer sich die tierischen Stadtbewohner allerdings überlisten lassen, hätte damals wohl niemand gedacht! Die Stadtverwaltung investierte Millionen kanadische Dollar, um neue Mülltonnen mit einer eigens für Waschbären konstruierten Sicherung anzuschaffen. Diese Müllcontainer besaßen einen Schraubdeckel, der zusätzlich durch zwei seitliche Schließklemmen gesichert wurde. Mein Mann ist in der kanadischen Metropole am Ontariosee aufgewachsen und erinnert sich noch gut an die in den Medien bekannt gemachte Aktion »Raccoon-Proof Trash Cans in Toronto« – auf Deutsch »Waschbärsichere Mülltonnen in Toronto«. Die Millioneninvestition erwies sich jedoch sprichwörtlich als für die Tonne, denn sie hielt die Waschbären nur für wenige Wochen von ihren nächtlichen Plünderungen ab. Die Tiere lernten schnell, sowohl die seitlichen Schließklemmen als auch den Deckel mit Schraubverschluss zu öffnen. Der ersten angeblich einbruchsicheren Mülltonne folgte eine Version 2.0 mit zusätzlichen Sicherungen der Schließklemmen – doch auch damit wurden die Waschbären fertig. Videokameras an den Mülltonnen brachten den Beweis, mit welcher Geduld und Experimentierfreude die Kleinbären ans Werk gingen. So wurden die tierischen Bewohner Torontos über die Jahre zu echten Stars in den digitalen Medien. Inzwischen finden sich unter den Stichworten »Raccoon opens trash can« unzählige Aufnahmen im Internet, die den allseits beliebten Katzenvideos in Sachen Unterhaltung in nichts nachstehen. Was macht die Waschbären zu solch exzellenten Mülltonnen-Einbrechern, und was hat das mit dem Austausch von Informationen zu tun?

Zunächst profitieren die Kleinbären von ihrer Körperform. Wie bei einem Sumoringer konzentriert sich der Großteil ihres Gewichts auf den unteren Körperbereich und führt zu einem sehr tief liegenden Körperschwerpunkt. Auf diese Weise können Waschbären Kräfte freisetzen, mit denen sie sogar Gegenstände bewegen, die um ein Vielfaches schwerer sind als sie selbst. Zudem besitzen Waschbären wie wir Menschen einen drehbaren Daumen, mit dem sie Gegenstände greifen und manipulieren können. Die Stadt Toronto hat unfreiwillig dazu beigetragen, dass ihre Waschbären über die Jahre immer schlauer wurden. Mit jeder neuen Mülltonnenversion lernten die Säugetiere dazu. Dafür brauchte es nur wenige clevere Waschbären, die den Dreh raushatten. Die anderen Tiere in einer Gruppe lernten allein durch Beobachtung von ihren Artgenossen und nutzten die so aufgenommenen Informationen für ihre eigene Karriere als Mülltonnenknacker. Selbst die Jungtiere werden von ihren Müttern im Fach »Mülltonnen-Einbruch« unterrichtet.

Eine im Jahr 2017 veröffentlichte Studie über die Anzahl von Nervenzellen bei großen Fleischfressern kam da wenig überraschend zu dem Schluss, dass Waschbären besonders clever sein müssen. Die Waschbären besitzen eine so hohe Dichte an Nervenzellen in ihrem Gehirn, wie wir es sonst nur von Primaten inklusive uns Menschen kennen. In der Nachbarschaft des Elternhauses meines Mannes stehen heute kleine Holzhäuschen herum, in denen die Mülltonnen untergebracht und mit einem Vorhängeschloss gesichert sind. Die Mülltonnen in den Häuschen stehen zudem so eng, dass sie nicht mehr einfach umgeworfen werden können – wer weiß schon, ob Waschbären nicht eines Tages lernen, Vorhängeschlösser zu knacken?!

Die Geschichte vom Birkenspanner

Die Bedingungen in unseren Städten stellen andere Lebewesen in Sachen Kommunikation vor ganz neue Herausforderungen: Hier behindern stetiger Hintergrundlärm, verschmutzte Luft oder mit Abfallstoffen verseuchter Boden die Übertragung akustischer, optischer oder chemischer Informationen. Will ein Lebewesen im Lebensraum Stadt dennoch erfolgreich Informationen senden und somit kommunizieren, muss es sich etwas einfallen lassen.

Ein Beispiel ist die Geschichte vom Birkenspanner *(Biston betularia)*, die bereits zu Zeiten der industriellen Revolution im späten 19. Jahrhundert ihren Anfang nahm. Vor dem Jahr 1848 war die ursprüngliche Form der zu den Schmetterlingen gehörenden Insekten in Großbritannien weit verbreitet. So erhielt der nachtaktive Birkenspanner seinen Namen, weil er sich tagsüber regungslos auf Birkenstämmen aufhält und in seiner hellen Färbung mit einigen dunklen Sprenkeln bestens an diesen Hintergrund angepasst ist. Diese dunklen Färbungen gehen auf den Gehalt des Farbstoffs *Melanin* zurück – je mehr Melanin, desto dunkler der Falter. Der Gehalt des Farbstoffs Melanin entscheidet auch bei uns Menschen über die Farbe der Haut. Im Jahr 1848 tauchte in der englischen Stadt Manchester auf einmal eine viel dunklere Variante des Birkenspanners auf. Wo kam dieses »schwarze Schaf« plötzlich her? Eine mögliche Erklärung war die Beobachtung des Lehrers und Schmetterlingsforschers James William Tutt. Ihm fiel auf, dass die industrielle Entwicklung in England merklich die Umwelt in und um die Städte beeinflusste. Das Schwefeldioxid in der Luft tötete Flechten, die unter anderem an der Rinde von Bäumen wuchsen. Der Ruß von den Fabriken legte sich zudem wie ein schwarzer Teppich über das Land. Für Herrn Tutt war die Sache eindeutig: Die zuvor hellen Birkenspanner waren nun nicht mehr an ihren Lebensraum angepasst, denn auch die Birkenstämme wurden vom Ruß dunkler. Eine dunklere Variante des Schmetterlings würde den Vögeln tagsüber viel weniger ins Auge fallen und somit auch seltener gefressen werden. Diese Theorie stieß in seinem Umfeld auf taube Ohren. Sowohl andere Schmetterlingsexperten als auch Vogelkundler bezweifelten, dass der Birkenspanner tatsächlich tagsüber von Vögeln gefressen wird und dass die unterschiedliche Färbung der Schmetterlinge einen Einfluss auf deren Überleben haben sollte.

Erst in den 1950er-Jahren untersuchte der Genetiker und Schmetterlingsforscher Henry Bernard Davis Kettlewell die Sache genauer und führte Feldversuche mit den Birkenspannern durch. Er entließ helle und dunkle Formen in zwei verschiedenen Gebieten. Das erste Gebiet war ein Mischwald in Birmingham, der bis dato schwer von der Industrialisierung mitgenommen war. Das andere Gebiet befand sich in der südenglischen Grafschaft Dorset. Hier gab es noch verhältnismäßig wenig Verschmutzung, und auch die Flechten an den Bäumen waren noch sichtbar. Herr Kettlewell setzte in beiden Gebieten am frühen Morgen lebende helle und dunkle Birkenspanner auf Baumstämme aus und kam abends wieder, um die noch verbliebenen Tiere zu zählen. Er wollte mit diesem Experiment beweisen, dass die dunkler gefärbte Variante in einem von der Industrialisierung stark betroffenen Gebiet besser überlebt als die ursprüngliche helle Form. Henry Kettlewell machte sich bei seinem Experiment eine Eigenschaft der Schmetterlinge zunutze: Die Tiere fliegen nicht tagsüber durch die Gegend! Was auch immer dazu führte, dass die Birkenspanner abends nicht mehr auf ihrem Platz saßen – es lag nicht daran, dass sie einfach davongeflattert waren und sich nun auf einem anderen Baumstamm bester Gesundheit erfreuten. In einem weiteren Experiment markierte Kettlewell helle und dunkle Birkenspanner und entließ sie in dem Studiengebiet in Birmingham. Er fing die Tiere anschließend wieder mit Mottenfallen ein, die einen für Birkenspanner anziehenden Duftstoff aussendeten. Die umfangreichen Daten seiner Forschung zeigten, dass die neu aufgetauchte dunkle Farbvariante tatsächlich bessere Überlebenschancen in den stark luftverschmutzten Gebieten Englands hatte. Die Wiederfangrate für die dunklen Birkenspanner lag mehr als doppelt so hoch wie für die hellen, und auch die Aussetz-Aktion auf den Baumstämmen ging für die dunklen Tiere öfter mit einem Happy End aus. An dieser Stelle endeten die Versuche um den mysteriösen dunklen Birkenspanner jedoch noch lange nicht. Herr Kettlewell forschte bis zu seinem Tod im Jahr 1979 weiter an diesem Thema, und auch nach ihm blieb das wissenschaftliche Interesse an dem bis zu 55 Millimeter großen Schmetterling ungebrochen. So gab es noch immer keine Antwort auf die Frage, woher diese neue Farbvariante eigentlich kommt.

Der Birkenspanner *(Biston betularia)* erhielt seinen Namen, weil er in seiner ursprünglichen Farbvariation bestens an den Hintergrund heller Birkenstämme angepasst ist *(links)*. Im Zuge der Industrialisierung in England tauchten auch dunklere Varianten des Spanners auf *(rechts)*.

Insbesondere die Methoden der Genetik brachten in den 1960er-Jahren weitere Erkenntnisse darüber, wie die Farbgebung beim Birkenspanner genau funktioniert. Im Jahr 2016 veröffentlichten Wissenschaftler der Universität Liverpool in der Fachzeitschrift *Nature* die lang ersehnte Antwort: Die ungewöhnlich dunkle Färbung der Birkenspanner aus dem Jahr 1848 fand ihren Ursprung in einer Änderung des DNA-Bauplans *(Mutation)*, der die Information für den Farbstoff Melanin enthält. Die Wissenschaftler konnten sogar den Zeitpunkt dieser Änderung auf die Zeit um 1819 datieren!

Der frühe Vogel übertönt den Verkehr

Lebewesen, die vor allem über akustische Informationen kommunizieren, haben es in der Stadt besonders schwer. Stadtlärm macht sich am stärksten in tiefen Frequenzbereichen bemerkbar. Diese tiefen Töne stören besonders Vögel, die für ihre Kommunikation mit Artgenossen ebenfalls tiefe Töne nutzen. Sie müssen nicht nur gegen den Stadtlärm »anschreien«, sondern auch die sie umgebenden Gebäude als Störquellen beim Senden akustischer Signale einkalkulieren. Betonierte Böden und Häuser werfen den Schall ganz anders zurück als die Bäume im Wald. Es scheint somit nicht verwunderlich, dass es mehr Vogelarten in der Stadt gibt, die in höheren Tonlagen singen als auf dem Land. Wie das Leben in der Stadt akustische Kommunikation bei Tieren beeinflusst, ist besonders gut für die Amsel *(Turdus merula)* in Zürich untersucht worden. Die Amseln in der Stadt senden nicht nur lautere Signale, sondern übertönen auch den städtischen Lärmpegel durch eine höhere Tonlage. Eine andere Taktik nutzen die in der englischen Stadt Sheffield lebenden Rotkehlchen *(Erithacus rubecula)*. Die männlichen Rotkehlchen stehen einfach früher auf als ihre Artgenossen auf dem Land und beginnen mit ihrem Gesang noch vor Sonnenaufgang. Die Stadt Sheffield selbst scheint in diesen frühen Morgenstunden noch zu schlafen, denn es gibt weitaus weniger Stadtlärm zu dieser Zeit. Ein weiterer Grund für die »frühen Stadtvögel« mag auch die ständige Beleuchtung in den Städten sein. Vögel richten sich in ihrem Singverhalten unter natürlichen Bedingungen nach der zunehmenden Helligkeit während des Sonnenaufgangs. In Städten sorgt jedoch die Straßenbeleuchtung dafür, dass es nie richtig dunkel wird – woher soll der Vogel da noch wissen, ab wann es eigentlich Zeit zum Aufstehen ist?

Warum sich Stadtdachse nichts mehr zu sagen haben

Das Leben in der Stadt kann die Kommunikation von Lebewesen auch indirekt beeinflussen. In der Stadt lebende Füchse, Wildschweine und Waschbären müssen im Vergleich zu ihren Artgenossen auf dem Land nicht nur weniger Zeit für die Nahrungssuche aufwenden. Das reiche Futterangebot führt gleichzeitig dazu, dass die tierischen »Streifgebiete« kleiner werden. Das bedeutet, dass Wildtiere in Städten nicht mehr so weit wandern müssen, um an Nahrung zu gelangen. Zeit »sparen« städtische Wildtiere auch, indem sie sich meist an die permanente Störung durch den Menschen gewöhnen und weniger Fluchtverhalten an den Tag legen als ihre Artgenossen auf dem Land. So herrscht in der Stadt zum Beispiel für das Europäische Wildkaninchen *(Oryctolagus cuniculus)* meist ein geringeres Risiko, die Beute von Räubern zu werden. Die natürlichen Feinde des Säugers wie Greifvögel oder Füchse gibt es natürlich auch in der Stadt – diese bedienen sich allerdings lieber an den einfacher zugänglichen Futterresten, die der Mensch netterweise im ganzen Stadtgebiet hinterlässt. Das Verteidigen großer Territorien, die gemeinsame Futtersuche oder der bessere Schutz gegen Feinde sind unter natürlichen Bedingungen wichtige Gründe, warum Tiere sich den Stress des Gruppenlebens »antun«. Doch hat das Zusammenleben mit Artgenossen nicht nur Vorteile: Krankheiten können sich in der Gruppe schneller ausbreiten, und auch der Streit um den besten Platz in der Rangordnung kann auf Dauer stressen. Sind in der Stadt lebende Wildtiere tatsächlich besser beraten, als Einzelgänger unterwegs zu sein, weil die Nachteile des Gruppenlebens hier überwiegen?

Um diese Frage zu klären, ist es besonders interessant, soziale Säugetiere wie Wildkaninchen oder Dachse im Lebensraum »Stadt« zu beobachten. Europäische Dachse *(Meles meles)* legen auf dem

Land großen Wert auf ein funktionierendes, gut ausgebautes Informationssystem via Latrinen. Hier bauen die Tiere ihre »Duftzäune« aus Latrinen mit besonders viel Fleiß an den Grenzen ihrer Territorien aus – die Absicherung dieser Grenzen gegenüber fremden Eindringlingen hat anscheinend höchste Priorität. In zwei unterschiedlichen Studien untersuchten Wissenschaftler in den englischen Städten Bristol und Brighton das Kommunikationsverhalten von Dachsen. Doch sowohl in Bristol als auch in Brighton ergab die Suche nach den Dachslatrinen überraschend wenig. In beiden Städten fanden die Forscher nicht eine einzige Latrine – weder an den Grenzen ihrer Territorien noch am Bau der Dachse. Wie kann es sein, dass die englischen Dachse im Stadtgetümmel keinen Wert mehr auf die Markierung ihrer Territorien legen? Die Wissenschaftler schauten genauer hin und fanden heraus, dass die Stadtdachse andere soziale Strukturen aufweisen als ihre Artgenossen auf dem Land. Normalerweise leben die Marderartigen in Gruppen mit sehr engen sozialen Bindungen zusammen und verteidigen gemeinsam große Territorien, in denen sich die Nahrungsquellen befinden. Die Stadttiere hingegen pflegten eher »lockere« Beziehungen und suchten seltener die Gesellschaft von Artgenossen auf. Das Überangebot an Nahrung scheint das Zusammenfinden in Gruppen für die gemeinsame Nahrungssuche überflüssig zu machen. Bristol und Brighton mussten den Stadtdachsen wie ein »gigantischer Späti« vorgekommen sein, der rund um die Uhr Futter anbietet.

Wo DAX und Kaninchen sich treffen

Nun ist es an der Zeit, endlich das Geheimnis um die Wildkaninchen in Frankfurt am Main zu lüften. Das Europäische Wildkaninchen ist eines dieser »mutigen« und »flexiblen« Arten, das sich erfolgreich an das Stadtleben angepasst hat und zu einem »Problemtier« für uns Menschen geworden ist. Während die Kaninchendichte in vielen ländlichen Gegenden Deutschlands seit Jahren stetig abnimmt, vermehrte es sich in den letzten Jahrzehnten in deutschen Städten wie Berlin, München oder Hamburg sprichwörtlich. Wussten Sie zum Beispiel, dass Wildkaninchen bereits zu DDR-Zeiten die Berliner Mauer unsicher machten? Völlig unbeeindruckt von der schwer bewachten deutsch-deutschen Grenze buddelten sich die Säuger einfach unter der Mauer durch. An diese heimlichen Berliner Grenzflüchter erinnert heute das Kunstprojekt »Kaninchenfeld« von Karla Sachse am ehemaligen Todesstreifen an der Chausseestraße. Auch vor den Grünanlagen der Finanzmetropole am Main machten die Tiere zu Beginn meiner Doktorarbeit im Jahr 2011 nicht halt – sehr zum Leidwesen der Stadt, die seit Jahren die Bestandsdichten mit Jägern zu reduzieren versuchte.

Mit Scheinwerfer und Klickzähler den Kaninchen auf der Spur

Als ich über die Ergebnisse der Dachs-Studie stolperte, war klar: Allein die Latrinenverteilung der Wildkaninchen zwischen Stadt und Land zu untersuchen, ist nur die halbe Geschichte! Ich brauchte auch Informationen darüber, wie viele Tiere an einem Ort zusammenleben oder wie die Wildkaninchen ihre Bauten anlegten. Nach Einbruch der Dunkelheit, wenn alle Kaninchen ihren Bau verlassen, wurden mein Team und ich mit Handscheinwerfern und Klickzählern aktiv. Zwischen Brombeerbüschen auf dem sternenklaren Land bis hin zur innerstädtischen Grünfläche vor der nächtlichen Frankfurter Skyline kamen wir den Säugern in der Mainmetropole und in dessen Umland auf die Spur. Wie wir exakte Bestandszahlen wortwörtlich ans Licht bringen konnten, war in der Literatur beschrieben. Doch um den Grad der Verstädterung in den 17 Studiengebieten zu messen, entwickelte ich meine eigene Methode: Die Störintensität durch den Menschen und der Anteil der bebauten Fläche im Studiengebiet gehörten zu den vier Werten, aus denen ich einen Index für Urbanität berechnete. Je höher der Index, desto städtischer die Gegend, in der die Kaninchen vorkamen. Damit konnte ich sehen, ob mein Urbanitätsindex in Zusammenhang mit der Kommunikation der Wildkaninchen steht. Meine Forschungsfrage beantwortete ich auch dank der örtlichen Jägerschaft, die, mit Jagdhund und Frettchen ausgestattet, die nötigen Spürnasen für die Wildkaninchensuche mitbrachten. Zunächst stöberten die Jagdhunde alle unterirdischen Behausungen in den Studiengebieten auf. Danach kamen die Frettchen zum Einsatz. Ein klickendes Geräusch zeigte an, dass ein Kaninchen vor dem Frettchen an die Erdoberfläche geflohen und in einen der Drahtkäfige gelaufen war. Mit diesen Käfigen hatten die Jäger zuvor alle Bautenausgänge verschlossen. Neben der aktuellen Mitbewohnerzahl der »Kaninchen-WG« erhielt ich so die Anzahl der zu einem Bau gehörigen Öffnungen.

Große Stadt, kleine (Kaninchen-)Bauten

Wir fanden heraus, dass die Dichte der Wildkaninchenpopulation tatsächlich vom Land hin zur Stadt kontinuierlich zunahm. So tummelten sich vor der Frankfurter Oper durchschnittlich 45 Wildkaninchen auf einem Hektar Fläche. Im ländlichsten aller Studiengebiete war es, rein mathematisch gesehen, nicht mal ein einziges Tier! Und auch die »Frettier-Aktion« brachte erstaunliche Ergebnisse zum Sozialverhalten der Tiere ans Tageslicht. In der Frankfurter Innenstadt gab es vor allem kleine Baue mit weniger als sechs Öffnungen. Diese kleinen Bauten waren zudem meist nur von wenigen Tieren bewohnt – in einigen Fällen sogar nur von Pärchen oder einzelnen Tieren. Die Grabetätigkeit der zunehmend größer werdenden Kaninchengruppen auf dem Land nahm hingegen beeindruckende Ausmaße an. Hier gab es Baue mit mehr als 50 Ein- und Ausgängen, in denen bis zu 15 Tiere lebten. Ein weiterer Unterschied zwischen Stadt- und Landtieren zeigte sich in ihrer Aktivität: Trauten sich die Wildkaninchen im Feld meist nur in der Dämmerung an die Erdoberfläche, waren die Stadtkaninchen trotz Störung durch den Menschen auch während des Tages aktiv. Einmal aus dem Bau, investierten sie im Vergleich zu ihren Artgenossen auf dem Land nur halb so viel Zeit darin, nach Fressfeinden Ausschau zu halten. Auf den Punkt gebracht, pflegten die Frankfurter Stadtkaninchen einen Lebensstil, der zu dem ihrer ländlichen Artgenossen nicht gegensätzlicher sein könnte: In kleineren Behausungen wohnend, sind sie ständig auf Achse. So musste ich doch schmunzeln, als die

Presse meine Ergebnisse zum Stadtkaninchenverhalten mit dem klassischen Singledasein menschlicher Stadtbewohner verglich.

Warum Stadtkaninchen lieber Zäune ziehen als Landkaninchen

Gehen wir gedanklich noch einmal zurück: Wie Tiere Latrinen für ihre Kommunikation nutzen, hängt entscheidend davon ab, wie hoch die Populationsdichte im Gebiet ist, wie groß die Gruppen- und Territoriumsgröße ist und wie hoch die Wahrscheinlichkeit, von Fressfeinden erbeutet zu werden. All diese Umstände änderten sich für die Frankfurter Kaninchen, und so lag für mich auf der Hand, dass Stadtkaninchen anders kommunizieren müssen als Landkaninchen. Meine Studenten und ich gingen also auf die Suche nach Latrinen, und mit insgesamt 3273 Wildkaninchen-Kotstellen in 15 Studiengebieten in und um Frankfurt am Main wurden wir mehr als fündig. Zwischen Brombeerbüschen und Streuobstwiesen auf dem Land bis hin zur akkurat gemähten Grünfläche vor der Frankfurter Oper. Neben der Entfernung der Latrinen zum jeweiligen Bau war für uns auch die Anzahl frischer Kotpellets als Zeichen aktueller Nutzung interessant. Vom Feld zurück am Schreibtisch, bestätigte sich meine Vermutung: Es gab Unterschiede in der Latrinenkommunikation! Je städtischer das Gebiet wurde, desto häufiger legten die Wildkaninchen Latrinen in einiger Entfernung vom Bau wie eine Art »Duftzaun« an. So waren die »Zaunlatrinen« um einiges größer und auch viel dichter angelegt als die Latrinen direkt am Bau. Eine mögliche Erklärung für diese Beobachtung ist, dass zwischen den Frankfurter Hochhäusern der Platz langsam knapp wird und die Konkurrenz um ein gutes Territorium zunimmt. Das Ziehen von Duftzäunen durch Latrinen ist somit besonders wichtig für die Stadtkaninchen, wollen sie weiterhin Grundeigentümer bleiben. Gleichzeitig nimmt die Bedeutung der Kommunikation in ohnehin kleinen Gruppen durch Latrinen am Bau ab. Ganz im Gegensatz zu den ländlichen Studiengebieten. Hier war es genau andersherum und viele Latrinen befanden sich direkt am Bau und nur wenige am Rand. Offenbar ist die häufige Markierung am Bau

Das Europäische Wildkaninchen *(Oryctolagus cuniculus)*
ist ein typisches Beispiel für eine Säugetierart, die
über Latrinen mit Artgenossen innerhalb der Gruppe
kommuniziert. Latrinen in der Peripherie des Baues
signalisieren hingegen gruppenfremden Kaninchen
die Grenzen des Territoriums.

entscheidend, um innerhalb der Gruppe zu kommunizieren. So viel interner Informationsaustausch ist auch nötig in einer »WG-Stärke« von bis zu 15 Mitbewohnern. Probleme mit den Nachbarn schienen die Landkaninchen hingegen weniger zu haben, war der nächste Bau doch oft kilometerweit entfernt. In einer so entspannten Wohnlage braucht es dann auch keine intensive Beschilderung der Territorialgrenzen mehr.

Exkurs – Wie geht es den Frankfurter Wildkaninchen heute?

Im Dezember 2014 beendete ich meine Datenaufnahme in Frankfurt am Main und zog zurück in meine alte Heimat in Brandenburg. Zu diesem Zeitpunkt war die hessische Metropole nach wie vor noch zahlreich von Wildkaninchen besiedelt, und ich war mir sicher: Die Stadtjäger werden auch in den nächsten Jahren viel mit der vermeintlichen »Karnickelplage« zu tun haben. Wie schnell sich das Blatt jedoch wenden kann, hätten weder Jäger noch ich vermutet. Im Laufe der nächsten Jahre stattete ich Frankfurt öfter einen Besuch ab, und mir fiel auf, dass ich von Mal zu Mal weniger Wildkaninchen zu Gesicht bekam. Wo sie sich früher zuhauf tummelten und eine Sichtung garantiert war, gab es nur noch einzelne bis gar keine Wildkaninchen mehr. Im September 2018 kehrte ich mit einem Filmteam in mein altes Studiengebiet zurück – es sollte eine Dokumentation über Kaninchen und ihre Lebensräume weltweit werden. In Zusammenarbeit mit der örtlichen Jägerschaft begab ich mich in der Begleitung des Filmteams erneut auf die Spuren der Hasenartigen und war schockiert: Die ehemals hohe Bestandsdichte der Wildkaninchen schien extrem geschrumpft zu sein! Hatte ich vor vier Jahren noch 20 Wildkaninchen auf den Grünflächen vor der Frankfurter Oper gezählt, waren es 2018 nun noch ganze vier Tiere. Was ist nur mit den Frankfurter Stadtkaninchen los? Sind sie womöglich wieder alle aufs Land zurückgewandert?

Im Gespräch mit dem Stadtjäger und interessierten Bürgern kristallisierten sich zwei mögliche Gründe heraus: 1. eine neue Variante des für Wildkaninchen tödlichen RHD-Virus hat den Bestand stark dezimiert, und 2. der einst günstige Lebensraum für Wildkaninchen in Frankfurt hat sich im Laufe der letzten Jahr zum Nachteil der Tiere verändert. Wildkaninchen bevorzugen Hecken und Büsche an Grünanlagen, um geschützte Bauten anzulegen. Während meiner Doktorarbeitszeit war es teilweise unmöglich, die Bauten genauer zu untersuchen – so dicht stand die Vegetation in den Grünanlagen. Im Jahr 2018 lagen diese früher so versteckten Kaninchenbauten plötzlich völlig frei. Das dichte Laub vor den Eingängen war ein sicheres Zeichen dafür, dass hier keine Wildkaninchen mehr wohnten. Die Suche nach den verschwundenen Wildkaninchen blieb für das Filmteam und mich im September 2018 ohne Erfolg, und auch heute, ein Jahr später, sieht die Lage laut Stadtjäger nicht besser aus. Die Akte »Frankfurter Wildkaninchen« ist für mich noch nicht abgeschlossen, denn ich konnte weitere Daten zur Herkunft und zum Gesundheitszustand der Tiere im Stadtgebiet sammeln. Die Auswertung und Veröffentlichung dieser Daten wird hoffentlich etwas mehr Licht ins Dunkel bringen – bis dahin nehme ich sachdienliche Hinweise über den Verbleib meiner ehemaligen Studienobjekte in und um Frankfurt am

Main gerne entgegen!

Und die Moral von der Geschicht'?

An dieser Stelle sind wir fast am Ende des Buches angekommen. Ich weiß nicht, wie es Ihnen geht, aber nach all diesen Beispielen über den Austausch von Informationen in der Natur bin ich jeden Tag aufs Neue vom Leben um mich herum fasziniert. Immer genauere Methoden in der Wissenschaft erlauben uns Menschen Einblicke in eine Welt des Informationsaustausches zwischen Lebewesen, die wir zuvor nicht kannten. So können wir heute die Reaktionen von Organismen auf ankommende Informationen wie beispielsweise Duftstoffe bis auf die Ebene ihrer Zellen verfolgen. Denken wir nur zurück an die Naturforscher im 18. Jahrhundert: Die Gelehrten ordneten die Pilze damals den unbelebten Mineralien zu. Heute wissen wir, zu welchen Kommunikationsleistungen Pilze in der Lage sind! So gerate ich beim Studieren der neuesten Forschungsergebnisse nach wie vor ins Staunen über die manchmal schier unglaublich präzise und »einfallsreiche« Kommunikation von Einzellern, Pilzen, Pflanzen und Tieren. Bevor ich Ihnen jedoch verrate, was ich aus all den Jahren Studiums der Verhaltensbiologie für mein eigenes Kommunikationsverhalten mitnehmen konnte, lassen Sie uns noch einmal die wichtigsten Dinge zusammenfassen.

Eine Welt voller Daten

Die Welt da draußen ist voller Daten – nicht nur für uns Menschen, sondern für alle Lebewesen. Diese Daten werden zu Informationen, wenn lebende Einzeller, Pilze, Pflanzen oder Tiere sie mithilfe ihrer Rezeptoren wahrnehmen. Je nachdem, welche Rezeptoren ein Lebewesen besitzt, kann es unterschiedliche Informationen aus seiner Umgebung aufnehmen. So geht die Entwicklung eines Ein- und Mehrzellers Hand in Hand mit seinem Lebensraum und seinem »Lebensstil«. Hat ein Lebewesen Augen, dann kann es auch optische Informationen wie Farben, Formen oder Bewegungen wahrnehmen und für seine eigene Kommunikation nutzen.

Will ein Lebewesen aktiv Daten an einen Empfänger übermitteln, kann es diese in einem transportfähigen Paket verpacken – dem Signal. Dieses Signal transportiert die Daten über den Kanal »Lebensraum« zum Empfänger. »Entpackt« der Empfänger das Paket, nimmt er die Daten mit seinen Rezeptoren wahr, und sie werden zu Informationen. Voraussetzung ist somit, dass Sender und Empfänger über einen gemeinsamen »Datenpool« verfügen – sprich, die gleiche Sprache sprechen.

Blütenpflanzen »wissen« anscheinend, dass ihre Bestäuber, wie die Bienen, besonders gut elektromagnetische Strahlung im UV-Bereich wahrnehmen können. Für die Farbe »Rot« hingegen sind die Insekten blind. So sprechen Blüten mit auffälligen Mustern im UV-Bereich die Sprache der Bienen, um diese gezielt anzulocken.

Informationen aus der Umgebung aufnehmen – und jetzt Sie!

Wir Menschen nehmen mit unseren Rezeptoren – den Sinnesorganen – natürlich ebenfalls unsere Umgebung wahr. Wir sehen, hören, riechen, fühlen oder schmecken. Im Alltag passiert dies ganz nebenbei, und wir sind uns oft nicht darüber bewusst, welche Informationen wir tagtäglich so verdauen. Brauchen wir all diese Informationen eigentlich? Womöglich gehen uns an anderer Stelle sogar Informationen verloren, weil wir keinen Sinn (mehr) dafür haben? Ich lade Sie dazu ein, diesen Fragen einmal nachzugehen und bewusst wahrzunehmen, welche Informationen Sie empfangen. Sie brauchen dafür eine Stoppuhr, einen Stift und 15 Minuten Zeit. Richten Sie Ihre Konzentration zunächst für fünf Minuten auf Ihre Umgebung, und nehmen Sie bewusst wahr, was Sie mit Ihren Augen sehen können. Schreiben Sie nach Ablauf der fünf Minuten auf, welche optischen Informationen, wie Formen, Farben oder Bewegungen, Sie gesehen haben.
Was haben Sie gesehen?

Wahrnehmung	Reaktion

Die nächsten fünf Minuten gelten Ihren akustischen Rezeptoren, den Ohren. Was hören Sie alles um sich herum, und woher kommen die akustischen Informationen? Schreiben Sie nun wieder auf, was Sie wahrgenommen haben.

Was haben Sie gehört?

Wahrnehmung	Reaktion

Die letzten fünf Minuten widmen wir Ihrer Nase. Nehmen Sie nun aufmerksam Ihre Umgebung wahr, und notieren Sie sich, was es alles zu riechen gibt.

Was haben Sie gerochen?

Wahrnehmung	Reaktion

Schauen Sie sich Ihre Notizen nun noch einmal an, und schreiben Sie spontan neben jede Wahrnehmung die Reaktion, die diese Information in Ihnen auslöst. Denken Sie gar nicht lange darüber nach, der erste Impuls ist der beste.

Hier einige Beispiele aus meiner Informationsliste:
Rotes Kleid – aufreizend
Grüner Baum – Entspannung
Geruch verbrannten Essens – Ärger, dass es schon wieder passiert ist
Fauchende Katze – Aggression

Diese Übung soll Ihnen zeigen, dass wir ständig von Daten umgeben sind und diese als Informationen wahrnehmen. So ist aus Sicht der Kommunikation entscheidend, welche Informationen beim Empfänger ankommen und wie er darauf reagiert. Lösen bestimmte Bewegungen, Geräusche oder Gerüche bei mir Ärger aus, können dieselben Informationen Sie völlig kaltlassen. Das ist auch der Grund, warum Kommunikation so störanfällig ist. Selbst zwischen Menschen, die die gleiche Sprache sprechen, kann ein und dasselbe Wort je nach individueller Interpretation des Empfängers einen anderen Inhalt bedeuten und somit auch unterschiedliche Reaktionen auslösen. So ist die menschliche Sprache selten so präzise wie das Schlüssel-Schloss-Prinzip eines Duftstoffes an einem chemischen Rezeptor. Glücklicherweise nutzen auch wir Menschen solche nonverbalen Kommunikationsmittel und können mit den passenden Pheromonen einen verbalen Patzer beim anderen Geschlecht eventuell doch noch ausbügeln. Ein freundliches Lächeln sagt oft ebenfalls mehr als tausend Worte und wird in allen Sprachen verstanden.

Eine Zugfahrt, die ist lustig

Auf Reisen erlebe ich oft die interessantesten Geschichten – auf engstem Raum im Zug oder im Flugzeug komme ich schnell ins Gespräch mit meinen internationalen Mitreisenden. So spielen bei uns Menschen in der Kommunikation gesellschaftliche Aspekte wie

Kultur, Tradition und Konventionen eine wichtige Rolle. Farben und Gesten können da ganz unterschiedliche Bedeutung einnehmen. Der dickste Kommunikationspatzer ist mir beispielsweise auf der Tagung im japanischen Sapporo passiert: Neben mir zog ein junger Japaner ständig während eines Vortrags und in einer unüberhörbaren Lautstärke die Nase hoch. Freundlich lächelnd reichte ich ihm ein Taschentuch, das er zu meiner Überraschung mit einem verärgerten Gesichtsausdruck ablehnte. Ich schaute mich um und fand mich von entsetzten Blicken anderer Tagungsteilnehmer gestraft, die das Schauspiel beobachteten. Obwohl ich meinen Reiseführer vor Abflug genau studiert hatte, war mir entfallen, dass die Geste des Taschentuchreichens in Japan einer halben Kriegserklärung gleichkommt. Unter Japanern ist es vornehmer »hochzuziehen«, statt »auszuschnäuzen«. Dass ich für solcherlei Missverständnisse nicht bis nach Japan reisen muss, zeigt folgendes Beispiel: Als ich mal wieder mit dem Zug von Berlin nach Frankfurt am Main unterwegs war und es mir mit meinem Laptop am Stehtisch des Bordbistros bequem gemacht hatte, spielte sich vor meiner Nase eine Szene typischer menschlicher Kommunikation ab. Ein älterer Herr stand am Cafeteria-Schalter des Bordbistros und wollte bei der Dame am Schalter einen Kaffee bestellen.

Er: »Einen Kaffee bitte.«

Sie: »Zum Hiertrinken oder to go?«

Er: »Haben Sie keine Tasse?«

Sie: »Doch, also wollen Sie den Kaffee zum Hiertrinken?«
(Ein Zug rauscht vorbei und verschluckt die Worte der Dame.)

Er: »Ich habe Sie nicht verstanden. Ich hätte gern einen Kaffee.«

Sie: »Wollen Sie den Kaffee mitnehmen?«
(Das Gesicht des Herrn läuft langsam rot an, er beginnt zu schwitzen, und seine Stimme wird energischer.)

Er: »Nein, haben Sie denn keine Tasse?«
(Die Dame wird nervöser und verzieht den Mund, man sieht ihr an, dass sie sich veralbert fühlt.)

Sie: »Ja, also, wollen Sie den Kaffee nun hier trinken?«

Er: »Natürlich, wo denn sonst?«
(Sie gibt ihm schweigend die Tasse Kaffee, woraufhin er bezahlt und ihr ganze fünf Cent Trinkgeld gibt.)

Die komplette Kommunikation zwischen dem älteren Herrn und der Bistrodame dauerte knappe zehn Minuten. Bedenken wir, dass es dabei nur um das Bestellen einer Tasse Kaffee ging, behaupte ich ganz vorsichtig, dass dieser Informationsaustausch zwischen Sender und Empfänger eher suboptimal war. So wusste offensichtlich der alte Herr nicht, dass ein »Kaffee to go« ein »Kaffee zum Mitnehmen im Becher« bedeutet. Der Mann nutzte offenbar nicht das gleiche Vokabular wie die Bistrodame. Der zwangsläufig einsetzende Abfall der Hörfähigkeit im Alter in Verbindung mit den Zuggeräuschen im Hintergrund hat die Kommunikation zwischen den beiden zusätzlich erschwert. Sender und Empfänger waren in diesem Beispiel offensichtlich nicht auf der gleichen Wellenlänge und somit nicht in Resonanz. Für die anderen Zugfahrenden und mich als Beobachter der Situation war es einfach, »zwischen den Zeilen zu lesen«. Zwar bemühten sich beide, freundlich zu bleiben und sich nicht im Ton zu vergreifen, Gesicht und Körperhaltung sprachen jedoch ihre ganz eigene Sprache.

Der Grund der Kommunikation – Worum geht es hier eigentlich?

»*Manche Gespräche sind so zielführend
wie zwei Tage Kreisverkehr.*«

Autor anonym

Von wem könnten wir mehr über nützliche Kommunikation lernen als von den uns umgebenden Lebewesen, deren tägliches Überleben von der erfolgreichen Koordination und Organisation mit unzähligen anderen Lebewesen in ihrem Lebensraum abhängt? Denken wir nur an die in Staaten lebenden Insekten wie die Bienen zurück. Sie zeigen ganzen Körpereinsatz, wenn es darum geht, ihren vielen Artgenossen nützliche Informationen zu übermitteln. Wir erinnern uns: Kommunikation soll durch das Senden und Empfangen von Informationen »Unwissenheit« reduzieren. Mit anderen Worten – nach dem Gespräch mit einem Mitmenschen sollten wir schlauer sein als zuvor. So können auch wir durch die Kommunikation mit unseren Artgenossen neue Informationen als nützliches Wissen in anstehende Entscheidungen im Alltag einfließen lassen.

Komme ich mit meinen Mitmenschen an Kommunikationsgrenzen, stelle ich mir eine wichtige Frage: Worum geht es hier eigentlich? So kann es wie in der Natur je nach Art des Gesprächspartners unterschiedliche Motivationen für das Senden und Empfangen von Informationen geben. In der bereits erwähnten »Win-win-Situation« gehen sowohl Sender als auch Empfänger mit einem positiven Nutzen aus der Kommunikation hervor. Sehen Sie sich einem Gesprächspartner gegenüber, mit dem Sie öfter als nur einmal kommunizieren möchten, ist es eine gute Idee, von Anfang an ehrliche Informationen zu senden. Wie bei unseren Beispielen sind solche Kommunikationssituationen vor allem zwischen Verwandten oder geschäftlich gleichberechtigten Partnern zu erwarten. Die Neigung zu leichten Übertreibungen und Unwahrheiten insbesondere zwischen den Geschlechtern steht auf einem anderen Blatt … In so manchen beruflichen Gesprächen schleicht sich bei mir der Eindruck ein, es gehe wie bei der Kommunikation zwischen Räubern und Beute um Gedeih und Verderben. Gehen Sie mit Ihrem Chef in eine Gehaltsverhandlung, haben Sie beide womöglich ebenfalls unterschiedliche Interessen am Ausgang des Gesprächs. Sie, als »Rangniederer«, wollen sich durchsetzen und sich nicht unterbuttern lassen. In anderen Situationen wollen wir genau das Gegenteil erreichen – bloß nicht auffallen und am besten tot stellen wie das Opossum oder mit dem Hintergrund verschmelzen wie der Steinbutt. Bei der Frage meines Doktorvaters nach dem Stand meiner Publikationen hätte ich diese Fähigkeiten manchmal nur zu gern besessen.

Der Inhalt der Kommunikation – Wie viel Information braucht es wirklich?

Kennen wir den Grund für die Kommunikation, fällt es uns leichter, auf den Punkt gebrachte Informationen zu senden. So viel Klarheit bringt nicht nur den Sender schneller an sein Kommunikationsziel – sie erspart auch dem Empfänger Zeit und Nerven! So haben Tiere und Pflanzen in der Natur gar nicht die Zeit, lange »um den heißen Brei herumzureden«. Ihre Signale haben sich so optimiert, dass sie in kurzer Zeit alle Informationen übersenden, die für ein bestimmtes Kommunikationsziel nötig sind. Wer aber entscheidet nun, ob eine Information wichtig ist oder nicht? Richtig, es kommt ganz auf die Interpretation des Empfängers an! So können auch Sie sich fragen, welche Informationen Sie benötigen, um erfolgreich die im Alltag anstehenden Aufgaben zu bewältigen. Oder andersherum gefragt, auf welche Informationen können Sie getrost verzichten? So stehen Nahrungssuche, Fortpflanzung oder Stressvermeidung auch bei uns auf der täglichen Kommunikationsagenda. Treibt uns der Hunger in ein Restaurant, ist der Grund für das Senden von Informationen klar – Nahrungserwerb. Die Auswahl ist jedoch oft groß, und so lautet zumindest meine Antwort auf die Frage nach der Bestellung oft: »Ich weiß noch nicht, ich muss noch schauen.« Meist kann ich der Bedienung erst nach fünfzehn Minuten sagen, was ich gerne essen möchte. Es ist ganz offensichtlich: Wenn wir selbst nicht wissen, was wir wollen, dann können wir diese Information auch nicht klar kommunizieren!

Warum der Kontakt zur Natur uns bei der Kommunikation hilft

Sind wir entspannt und ist unser Kopf frei, können wir uns viel klarer darüber werden, welche Dinge für uns wichtig sind und worüber wir uns mit anderen Menschen unterhalten möchten. Es macht einen Unterschied, ob wir gestresst sind und kommunizieren oder ob wir körperlich und geistig im Gleichgewicht sind, wenn wir mit anderen Informationen austauschen. Wir alle bewegen uns immer stärker in einer menschgemachten Umgebung wie der Stadt, und dies hat natürlich Einfluss auf uns als Lebewesen, aber auch auf alle anderen, nicht menschlichen Stadtbewohner. So bestätigen Studien, dass vor allem Menschen im urbanen Raum permanentem Stress ausgesetzt sind und dass dieser Stress nachlässt, sobald wir uns in naturnahen Lebensräumen wie einem Wald, im Gebirge oder an der See aufhalten.

Ein paar Stunden im Wald nehmen sofort einen positiven Einfluss auf unser Immun- und Hormonsystem. Die Japaner haben dafür sogar ein eigenes Wort: *Shinrin Yoku* bedeutet im Deutschen sinngemäß so viel wie »ein Bad in der Atmosphäre des Waldes nehmen« oder, auf ein Wort reduziert, »Waldbaden«. Diese Form der Gesundheitsvorsorge ist unter Japanern allgemein anerkannt und führt zu einem regelrechten Waldtourismus.

In der Natur kommen wir zur Ruhe, hier verlangsamen sich unsere Gedanken, und wir entspannen. Eine gesunde Ernährung, Bewegung an der frischen Luft und ausreichend Entspannung sind aus meiner Sicht nicht nur der Schlüssel zu einem zufriedenen Leben – diese Dinge helfen Ihnen auch bei Ihrer Kommunikation.

Und nun raus in den Wald

Welche Geschichte hat Sie in diesem Buch am meisten begeistert? Das Senden von Leuchtsignalen in den dunklen Höhlen und der Tiefsee? Die Kommunikation zwischen Mykorrhiza-Pilz und Pflanzenwurzel? Oder waren es doch die Latrinen anlegenden Wildkaninchen? Für mich ist jedes dieser Beispiele ein Zeugnis ausgefeilter Kommunikationsstrategien der Natur, vor denen wir Menschen in jeder Hinsicht den Hut ziehen können. Kommunikation ist nicht auf unserem Mist gewachsen, sondern hält bereits seit Anbeginn des Lebens die Verbindung zwischen allen Lebewesen auf unserer Erde aufrecht. So »weiß« eine Blume offenbar, dass sie mit einer höheren Wahrscheinlichkeit bestäubt wird, wenn sie ein bestimmtes optisches Signal sendet.

Wir scheinen oft zu vergessen, dass Menschen ebenfalls Lebewesen sind und somit Teil eines großen Ganzen auf dieser Erde. Lassen wir uns also öfter ein Waldbad ein und verbringen mehr Zeit in der Natur – und wenn wir schon dabei sind, nehmen wir doch gleich Familie, Freunde und unsere Chefs mit! Vielleicht erhalten wir auf diese Weise von unerwarteter Seite Informationen, die uns zu neuen Ideen verhelfen? Falls ja, teilen Sie diese mit den Lebewesen um Sie herum. Wer weiß schon, mit welchen erstaunlichen Einblicken in die »Sprache der Natur« wir in Zukunft noch alles rechnen können. So viel ist schließlich klar: Alles, was lebt, sendet und empfängt Informationen!

Danksagung

Auf dem Weg von der Idee bis zum fertigen Buch begleiteten mich viele Gefährten, die mir mit ihren Hinweisen und aufmunternden Worten hilfreich zur Seite standen. Mein tiefster Dank geht daher an folgende Personen:

Inga Poste, die mich auf meinem ersten Science Slam in Berlin sah und die Idee zum Buch hatte. Anna Frahm und Catharina Stohldreier vom Piper Verlag, die mir als Erstautorin geduldig alle Fragen beantworteten und mich durch das Abenteuer »Buch« begleiteten.

Stefan Christ, Swetlana Gutwin, Dr. Bernd Hermann, Dr. Hannes Lerp, Dr. Wiebke Ullmann, Albrecht Vorster und Wolfgang Ziege, die teilweise sogar mehrfach mein Manuskript kritisch unter die Lupe nahmen.

Kerstin Bosse, Andreas Fiedler, Jana Frymark, Prof. Katja Puteanus-Birkenbach, Dr. Franziska Schwarz und Heiderose Ziege für die erhellenden Gespräche bei einem nachmittäglichen Kaffee in der Brandenburger Umgebung.

Nach Übersee ins kanadische Toronto zu Marcus MacDonald, Susan Fleming sowie Ted und Mary McIntyre. Markus half entscheidend beim Zusammensetzen der vielen Puzzleteile. Susan und Familie McIntyre waren eine große mentale Stütze.

Meiner ehemaligen Arbeitsgruppe an der Goethe-Universität in Frankfurt am Main sowie allen begeisterten Wissenschaftlern auf der ganzen Welt, die täglich neues Wissen über die Vorgänge in der Natur ans Licht bringen.

Zu guter Letzt an den für mich wichtigsten Weggefährten Eris

Fellmeth. Danke für Deinen Witz, Deinen scharfen Verstand und den unumstößlichen Glauben an mich.

Literatur

Kapitelübergreifend

Ahne W, Liebich HW, Stohrer M, Wolf E (2000) Zoologie: Lehrbuch für Studierende der Veterinärmedizin und Agrarwissenschaften, mit 25 Tabellen ; Glossar mit 551 Stichwörtern. Schattauer Verlagsgesellschaft mbH, Stuttgart, New York.

Bear MF, Connors BW, Paradiso MA (2018) Neurowissenschaften: Ein grundlegendes Lehrbuch für Biologie, Medizin und Psychologie. 4. Auflage. Springer-Verlag, Berlin, Heidelberg.

Bradbury JW, Vehrencamp SL (1998) Principles of Animal Communication, 2nd Edition. Sinauer Associates, Sunderland, MA.

Campbell NA, Reece JB (2011) Biologie: gymnasiale Oberstufe, Band 4900 von Pearson Schule Pearson Studium – Biologie Schule. Pearson Deutschland GmbH.

Duden (2016) Deutsches Universalwörterbuch: Das umfassende Bedeutungswörterbuch der deutschen Gegenwartssprache. Bibliographisches Institut.

Eckert R, Randall DJ, Burggren W, French K (2002) Tierphysiologie, 4. Auflage. Georg Thieme Verlag, Stuttgart, New York.

Frings S, Müller F (2019) Biologie der Sinne: Vom Molekül zur Wahrnehmung. 2. Auflage Springer-Verlag, Berlin, Heidelberg.

Gruner HE, Kaestner A (1993) Lehrbuch der speziellen Zoologie. Band I: Wirbellose Tiere. Teil 1: Einführung, Protozoa, Placozoa, Porifera. Fischer Verlag, Stuttgart.

Heldmaier G, Neuweiler G, Rössler W (2013) Vergleichende Tierphysiologie: Neuro- und Sinnesphysiologie. Springer-Verlag, Berlin, Heidelberg.

Kappeler P (2006) Verhaltensbiologie. Springer-Verlag, Berlin, Heidelberg.

Leonard AS, Jacob S F (2017) Plant-animal communication: past, present and future. Evol Ecol 31:143–151.

Maynard Smith J, Harper D (2003) Animal Signals. Oxford University Press, Oxford.

Müller WA, Frings S, Möhrlen F (2019) Tier- und Humanphysiologie: Eine Einführung, 6. Auflage. Springer-Verlag, Berlin Heidelberg.

Poeggel G (2013) Kurzlehrbuch Biologie, 3. Auflage. Georg Thieme Verlag, Stuttgart.

Schaefer HM, Ruxton GD (2011) Plant-Animal Communication, 1st Edition. OUP Oxford.

Seyfarth RM, Cheney DL (2003) Signalers and Receivers in Animal Communication. Annu Rev Psychol 54:145–173.

Sitte P, Strasburger E, Weiler EW, et al (2002) Strasburger – Lehrbuch der Botanik für Hochschulen, 35. Auflage. Spektrum Akademischer Verlag, Heidelberg, Berlin.

Wehner R, Gehring WJ (2007) Zoologie: 17 Tabellen; Glossar mit 830 Stichworten. 24. Auflage. Georg Thieme Verlag. Stuttgart.

Wilczynski W, Ryan MJ (1999) Geographic variation in animal communication systems. In: Foster S, Endler JA (eds) Geographic Variation in Behavior, Perspectives on Evolutionary Mechanisms. Oxford University Press, New York, Oxford.

Witzany G (2013) Biocommunication of animals. In: Biocommunication of Animals. pp 1–420.

Witzany G (2017) Key levels of biocommunication. In: Biocommunication: Sign-Mediated Interactions between Cells and Organisms. World Scientific, pp 37–61.

Ziege M, Babitsch D, Brix M, et al (2013) Anpassungsfähigkeit des Europäischen Wildkaninchens (*Oryctolagus cuniculus*) entlang eines rural-urbanen Gradienten. Beiträge zur Jagd- und Wildforsch 38:189–199.

Ziege M, Brix M, Schulze M, et al (2015) From multifamily residences to studio apartments: Shifts in burrow structures of European rabbits along a rural-to-urban gradient. J Zool 295:286–293.

Ziege M, Babitsch D, Brix M, et al (2016) Extended diurnal activity patterns of European rabbits along a rural-to-urban gradient. Mamm Biol 81:534–541.

Ziege M, Bierbach D, Bischoff S, et al (2016) Importance of latrine communication in European rabbits shifts along a rural-to-urban gradient. BMC Ecol 16:. doi: 10.1186/s12898-016-0083-y.

Ziege M, Mahlow K, Hennige-Schulz C, et al (2009) Audience effects in the Atlantic molly (*Poecilia mexicana*)-prudent male mate choice in response to perceived sperm competition risk? Front Zool 6:1–8.

Zrzavý J, Storch D, Mihulka S (2009) Evolution: Ein Lese-Lehrbuch. 2. Auflage. Springer-Verlag, Berlin, Heidelberg.

Einleitung

Billiard S, López-Villavicencio M, Devier B, et al (2011) Having sex, yes, but with whom? Inferences from fungi on the evolution of anisogamy and mating types. Biol Rev 86:421–442.

Eisler R (1912) Philosophen-Lexikon. In: Bertram M (ed) Geschichte der Philosophie. Directmedia Publ., Berlin, p 22031.

Griffin AS (2004) Social learning about predators: a review and prospectus. Learn Behav 32:131–40.

Huber H, Hohn MJ, Rachel R, et al (2002) A new phylum of Archaea represented by a nanosized hyper-thermophilic symbiont. Nature 417:63–67.

Jahn U, Gallenberger M, Paper W, et al (2008) *Nanoarchaeum equitans* and *Ignicoccus hospitalis*: New insights into a unique, intimate association of two archaea. J Bacteriol 190:1743–1750.

Matsuhashi M, Pankrushina AN, Takeuchi S, et al (1998) Production of sound waves by bacterial cells and the response of bacterial cells to sound. J Gen Appl Microbiol 44:49–55.

Ritchie D (1986) Shannon and Weaver: Unravelling the paradox of information. Communic Res 13:278–298.

Seyfarth RM, Cheney DL (2003) Signalers and Receivers in Animal Communication. Annu Rev Psychol 54:145–173.

Shannon CE (1948) A mathematical theory of communication. Bell Syst Tech J 27:379–423.

Shannon CE, Weaver W (1998) The mathematical theory of communication. University of Illinois press.

Tembrock G (2003) Biokommunikation: Nachrichtenübertragung zwischen Lebewesen. In: Kallinich J, Spengler G (eds) Tierische Kommunikation, Braus. Heidelberg, pp 9–27.

Wilczynski W, Ryan MJ (1999) Geographic variation in animal communication systems. In: Foster S, Endler JA (eds) Geographic Variation in Behavior, Perspectives on Evolutionary Mechanisms. Oxford University Press, New York, Oxford, p 234.

Wiley RH (1983) The evolution of communication: information and manipulation. In: Halliday TR, Slater PB (eds) Animal Behaviour, 2nd edn. Oxford (UK): Blackwell Scientific, pp 156–189.

Witzany G (2013) Biocommunication of animals. Springer-Verlag, Heidelberg, New York London.

Witzany G (2017) Key levels of biocommunication. In: Biocommunication: Sign-Mediated Interactions between Cells and Organisms. World Scientific, pp 37–61.

Kapitel 1

Baluška F, Mancuso S (2018) Plant Cognition and Behavior: From Environmental Awareness to Synaptic Circuits Navigating Root Apices. In: Baluška F, Gagliano M, Witzany G (eds) Memory and Learning in Plants. Springer International Publishing, Cham, pp 51–77.

Barja I, List R (2006) Faecal marking behaviour in ringtails (*Bassariscus astutus*) during the non-breeding period: spatial characteristics of latrines and single faeces. Chemoecology 16:219–222.

Blackledge TA (1998) Signal conflict in spider webs driven by predators and prey. Proc R Soc London Ser B Biol Sci 265:1991–1996.

Böhle M, Oertel H, Ehrhard P, et al (2013) Prandtl – Führer durch die Strömungslehre: Grundlagen und Phänomene. In: 12. Auflage. Vieweg+Teubner Verlag, Wiesbaden, p 656.

Bull CM, Griffin CL, Johnston GR (1999) Olfactory discrimination in scat-piling lizards. Behav Ecol 10:136–140.

Dettner K, Peters W (2011) Lehrbuch der Entomologie, 2. Auflage. Springer-Verlag, Berlin, Heidelberg.

Gagliano M (2012) Green symphonies: A call for studies on acoustic communication in plants. Behav Ecol 24:789–796.

Gagliano M, Grimonprez M (2015) Breaking the Silence – Language and the Making of Meaning in Plants. Ecopsychology 7:145–152.

Gagliano M, Mancuso S, Robert D (2012) Towards understanding plant bioacoustics. Trends Plant Sci 17:323–325.

Hesterman ER, Mykytowycz R (1968) Some observations on the odours of anal gland secretions from the rabbit, *Oryctolagus cuniculus* (L.). CSIRO Wildl Res 13:71–81.

Hughes M (1996) Size assessment via a visual signal in snapping shrimp. Behav Ecol Sociobiol 38:51–57.

Kurzweil P, Frenzel B, Gebhard F (2009) Physik Formelsammlung: mit Erläuterungen und Beispielen aus der Praxis für Ingenieure und Naturwissenschaftler. Vieweg+Teubner Verlag, Wiesbaden.

Li Q, Wang J, Sun H-Y, Shang X (2014) Flower color patterning in pansy (*Viola×wittrockiana* Gams.) is caused by the differential expression of three genes from the anthocyanin pathway in acyanic and cyanic flower areas. Plant Physiol Biochem 84:134–141.

Luginbühl P, Ottiger M, Mronga S, Wüthrich K (1994) Structure comparison of the pheromones Er-1, Er-10, and Er-2 from *Euplotes raikovi*. Protein Sci 3:1537–1546.

MacGinitie GE, MacGinitie N (1949) Natural History of Marine Animals. McGraw-Hill Book Company, New York.

Matsuhashi M, Pankrushina AN, Takeuchi S, et al (1998) Production of sound waves by bacterial cells and the response of bacterial cells to sound. J Gen Appl Microbiol 44:49–55.

Mykytowycz R (1968) Territorial marking by rabbits. Sci Am 218:116–126.

Mykytowycz R (1974) Odor in the spacing behaviour of mammals. In: Birch MC (ed) Pheromones. Amsterdam: North-Holland, pp 327–343.

Mykytowycz R, Gambale S (1969) The Distribution of Dung-Hills and the Behaviour of free living Wild Rabbits, *Oryctolagus cuniculus* (L.), on them. Forma Funct 1:333–349.

Mykytowycz R, Hestermann ER (1975) An Experimental Study of Aggression in Captive European Rabbits, *Oryctolagus cuniculus*. Behaviour 52:104–123.

Ritzmann RE (1974) Mechanisms for the snapping behavior of two alpheid shrimp; *Alpheus californiensis* and *Alpheus heterochelis*. J Comp Physiol 95:217–236.

Schein H (1975) Aspects of the aggressive and sexual behaviour of *Alpheus heterochaelis*. Mar Freshw Behav Physiol 3:83–96.

Schön Ybarra MA (1986) Loud Calls of adult male red howling monkeys (*Alouatta seniculus*). Folia Primatol 47:204–216.

Takahashi H, Suge H, Kato T (1991) Growth promotion by vibration at 50 Hz in rice and cucumber seedlings. Plant Cell Physiol 32:729–732.

Tuxen SL (1967) Insektenstimmen. Springer-Verlag, Berlin, Heidelberg.

Versluis M, Schmitz B, Von der Heydt A, Lohse D (2000) How snapping shrimp snap: Through cavitating bubbles. Science 289:2114–2117.

von Byern, J., Dorrer, V., Merritt, D.J., Chandler, P., Stringer, I., Marchetti-Deschmann, M., McNaughton, A., Cyran, N., Thiel, K., Noeske, M. & Grunwald, I. (2016). Characterization of the fishing lines in Titiwai *(= Arachnocampa luminosa Skuse, 1890)* from New Zealand and Australia. PLoS One 11, e0162687.

Wronski T, Plath M (2010) Characterization of the spatial distribution of latrines in reintroduced mountain gazelles (*Gazella gazella*): do latrines demarcate female group home ranges? J Zool 280:92–101.

Zollner PA, Smith WP, Brennan LA (1996) Characteristics and adaptive significance of latrines of swamp rabbits (*Sylvilagus aquaticus*). J Mammal 77:1049–1058.

Kapitel 2

Blaxter JHS, Denton EJ, Gray JAB (1981) Acousticolateralis system in clupeid fishes. In: Tavolga WN, Popper AN, Fay RR (eds) Hearing and Sound Communication in Fishes. Springer-Verlag, New York, pp 39–56.

Boistel R, Aubin T, Cloetens P, et al (2011) Whispering to the deaf: Communication by a frog without external vocal sac or tympanum in noisy environments. PLoS One 6:e22080. doi: 10.1371/journal.pone.0022080.

Cator LJ, Arthur BJ, Harrington LC, Hoy RR (2009) Harmonic convergence in the love songs of the dengue vector mosquito. Science 323:1077–1079.

Eckert R, Randall DJ, Burggren W, French K (2002) Tierphysiologie, 4. Auflage. Georg Thieme Verlag, Stuttgart, New York.

Ehret G, Tautz J, Schmitz B, Narins PM (1990) Hearing through the lungs: lung-eardrum transmission of sound in the frog *Eleutherodactylus coqui*. Naturwissenschaften 77:192–194.

Fiedler K, Lieder J (1994) Mikroskopische Anatomie der Wirbellosen. Gustav Fischer Verlag, Stuttgart.

Glaeser G, Paulus HF (2014) Linsenaugen oder Facettenaugen. In: Glaeser G, Paulus HF (eds) Die Evolution des Auges – Ein Fotoshooting. Springer Spektrum, Berlin, Heidelberg, pp 16–59.

Hase A (1923) Ein Zwergwels, der kommt, wenn man ihm pfeift. Naturwissenschaften 11:967.

Hetherington TE (1992) The effects of body size on functional properties of middle ear systems of anuran amphibians. Brain, Behav Evol 39:133–142.

Kurzweil P, Frenzel B, Gebhard F (2009) Physik Formelsammlung: mit Erläuterungen und Beispielen aus der Praxis für Ingenieure und Naturwissenschaftler. Vieweg+Teubner Verlag, Wiesbaden.

Ladich F (2013) Akustische Kommunikation bei Fischen: Lautbildung, Hören und der Einfluss von Lärm. In: Sitzungsberichte der Gesellschaft Naturforschender Freunde zu Berlin. pp 83–94.

Lenz P, Hartline DK, Purcell J, Macmillian D (1995) Zooplankton: Sensory Ecology and Physiology. CRC Press.

Lindquist ED, Hetherington TE, Volman SF (1998) Biomechanical and neurophysiological studies on audition in eared and earless harlequin frogs *(Atelopus)*. J Comp Physiol – A Sensory, Neural, Behav Physiol 183:265–271.

Lindquist ED, Hetherington TE (1996) Field Studies on Visual and Acoustic Signaling in the »Earless« Panamanian Golden Frog, *Atelopus zeteki*. J Herpetol 30:347–354.

Mischiati M, Lin HT, Herold P, et al (2015) Internal models direct dragonfly interception steering. Nature 517:333–338.

Miyoshi N, Kawano T, Tanaka M, et al (2003) Use of Paramecium Species in Bioassays for Environmental Risk Management: Determination of IC50 Values for Water Pollutants. J Heal Sci 49:429–435.

Montealegre-Z F, Robert D (2015) Biomechanics of hearing in katydids. J Comp Physiol – A 201:5–18.

Montealegre-Z. F, Jonsson T, Robson-Brown KA, et al (2012) Convergent evolution between insect and mammalian audition. Science 338:968–971.

Neuweiler G, Heldmaier G (2003) Das Seitenliniensystem. In: Vergleichende Tierphysiologie: Neuro- und Sinnesphysiologie. Springer-Verlag, Berlin, Heidelberg, pp 199–209.

Plath M, Parzefall J, Körner KE, Schlupp I (2004) Sexual selection in darkness? Female mating preferences in surface-and cave-dwelling Atlantic mollies, *Poecilia mexicana* (Poeciliidae, Teleostei). Behav Ecol Sociobiol 55:596–601.

Schmidt RF, Lang F, Heckmann M (2007) Physiologie des Menschen: Mit Pathophysiologie. 30. Auflage. Springer-Verlag, Berlin, Heidelberg.

Schulz-Mirbach T, Metscher B, Ladich F (2012) Relationship between Swim bladder morphology and hearing abilities-A case study on Asian and African Cichlids. PLoS One 7:e42292. doi: 10.1371/journal.pone.0042292.

Stout JD (1956) Reaction of Ciliates to Environmental Factors. Ecology 37:178–191.

Womack MC, Christensen-Dalsgaard J, Coloma LA, Hoke KL (2018) Sensitive high-frequency hearing in earless and partially eared harlequin frogs *(Atelopus)*. J Exp Biol 221:jeb169664. doi: 10.1242/jeb.169664.

Wörner FG (2015) Schleiereule und Waldkauz Zwei Bewohner der »Eulenscheune« im Tierpark Niederfischbach. fwö 06:1–28.

Young BA (2003) Snake bioacoustics: toward a richer understanding of the behavioural ecology of snakes. Q Rev Biol 78:303–325.

Kapitel 3

Bubendorfer S (2013) Flagellen-vermittelte Motilität in Shewanella: Mechanismen zur effektiven Fortbewegung in *S. putrefaciens* CN-32 und *S. oneidensis* MR-1. Doktorarbeit. Philipps-Universität Marburg.

Buonanno F, Harumoto T, Ortenzi C (2013) The Defensive Function of Trichocysts in *Paramecium tetraurelia* Against Metazoan Predators Compared with the Chemical Defense of Two Species of Toxin-containing Ciliates. Zoolog Sci 30:255–261.

Fritsche O (2016) Mikrobiologie. Springer-Verlag, Berlin, Heidelberg.

Harumoto T, Miyake A (1991) Defensive function of trichocysts in Paramecium. J Exp Zool 260:84–92.

Heitman J (2015) Evolution of sexual reproduction: A view from the fungal kingdom supports an evolutionary epoch with sex before sexes. Fungal Biol Rev 29:108–117.

Horiuchi J, Prithiviraj B, Bais HP, et al (2005) Soil nematodes mediate positive interactions between legume plants and rhizobium bacteria. Planta 222:848–857.

Jarrell KF, McBride MJ (2008) The surprisingly diverse ways that prokaryotes move. Nat Rev Microbiol 6:466–476.

Kirk DL (2004) Volvox. Curr Biol 14:R599-R600.

Lenz P, Hartline DK, Purcell J, Macmillian D (1995) Zooplankton: Sensory Ecology and Physiology. CRC Press.

Liu DWC, Thomas JH (1994) Regulation of a periodic motor program in *C. elegans*. J Neurosci 14:1953–1962.

Magariyama Y, Sugiyama S, Muramoto Y, et al (1994) Very fast flagellar rotation. Nature 371:752.

Matsuhashi M, Pankrushina AN, Takeuchi S, et al (1998) Production of sound waves by bacterial cells and the response of bacterial cells to sound. J Gen Appl Microbiol 44:49–55.

Maynard Smith J (1971) What use is sex? J Theor Biol 30:319–335.

Munk K, Requena N, Fischer R (2008) Taschenlehrbuch Biologie: Mikrobiologie, 2. Auflage. Georg Thieme Verlag, Stuttgart.

Narra HP, Ochman H (2006) Of What Use Is Sex to Bacteria? Curr Biol 16:705–710.

Pandya S, Iyer P, Gaitonde V, et al (1999) Chemotaxis of rhizobium SP.S2 towards *Cajanus cajan* root exudate and its major components. Curr Microbiol 38:205–209.

Sapper N, Widhalm H (2001) Einfache biologische Experimente. Ein Handbuch – nicht nur für Biologen. öbv & hpt, Stuttgart.

Schopf JW, Kitajima K, Spicuzza MJ, et al (2018) SIMS analyses of the oldest known assemblage of microfossils document their taxon-correlated carbon istotope compositions. Proc Natt Acad Sci 115:53 LP–58. doi: 10.1073/pnas.1718063115.

Silva-Junior EA, Ruzzini AC, Paludo CR, et al (2018) Pyrazines from bacteria and ants: Convergent chemistry within an ecological niche. Sci Rep 8:2595. doi: 10.1038/s41598-018-20953-6.

Troemel ER, Kimmel BE, Bargmann CL (1997) Reprogramming chemotaxis responses: Sensory neurons define olfactory preferences in *C. elegans*. Cell 91:161–169.

Wendel C (2001) Biologische Grundversuche, S I. Bd. 1. Köln.

Werner D (1992) Physiology of nitrogen-fixing legume nodules: compartments and functions. In: Stacy G, Evans HJ, Burris RH (eds) Biological nitrogen fixation. Verlag Chapman and Hall, London, pp 399–431.

Wheeler JW, Blum MS (1973) Alkylpyrazine alarm pheromones in ponerine ants. Science 182:501–503.

Wicklow BJ (1997) Signal-induced Defensive Phenotypic Changes in Ciliated Protists Morphological and Ecological Implications for Predator and Prey. J Eukaryot Microbiol 44:176–188.

Witzany G (2011) Biocommunication in Soil Microorganisms. Springer Science & Business Media. Heidelberg, London, New York.

Kapitel 4

Adamo SA (1998) Feeding suppression in the tobacco hornworm, Manduca sexta: costs and benefits to the parasitic wasp *Cotesia congregata*. Can J Zool 76:1634–1640.

Allmann S, Baldwin IT (2010) Insects betray themselves in nature to predators by rapid isomerization of green leaf volatiles. Science 329:1075–1078.

Appel HM, Cocroft RB (2014) Plants respond to leaf vibrations caused by insect herbivore chewing. Oecologia 175:1257–1266.

Balan J, Lechevalier HA (1972) The Predaceous Fungus *Arthrobotrys dactyloides*: Induction of Trap Formation. Mycologia 64:919–922.

Baldwin IT, Schultz JC (1983) Rapid changes in tree leaf chemistry induced by damage: evidence for communication between plants. Science 221:277–279

Baluška F, Mancuso S (2018) Plant Cognition and Behavior: From Environmental Awareness to Synaptic Circuits Navigating Root Apices. In: Baluška F, Gagliano M, Witzany G (eds) Memory and Learning in Plants. Springer International Publishing, Cham, pp 51–77.

Bauer U, Bohn HF, Federle W (2008) Harmless nectar source or deadly trap: Nepenthes pitchers are activated by rain, condensation and nectar. Proc R Soc B Biol Sci 275:259–265.

Billiard S, López-Villavicencio M, Devier B, et al (2011) Having sex, yes, but with whom? Inferences from fungi on the evolution of anisogamy and mating types. Biol Rev 86:421–442.

Bohn HF, Federle W (2004) Insect aquaplaning: Nepenthes pitcher plants capture prey with the peristome, a fully wettable water-lubricated anisotropic surface. Proc Natl Acad Sci 101:14138–14143.

Bouwmeester HJ, Verstappen FWA, Posthumus MA, Dicke M (1999) Spider Mite-Induced (3 S)-(E)-Nerolidol Synthase Activity in Cucumber and Lima Bean. The First Dedicated Step in Acyclic C11-Homoterpene Biosynthesis. Plant Physiol 121:173–180.

Calvo P (2016) The philosophy of plant neurobiology: a manifesto. Synthese 193:1323–1343.

Clarke CM, Kitchings RL (1995) Swimming ants and pitcher plants: A unique ant-plant interaction from Borneo. J Trop Ecol 11:589–602.

de Jager ML, Willis-Jones E, Critchley S, Glover BJ (2017) The impact of floral spot and ring markings on pollinator foraging dynamics. Evol Ecol 31:193–204.

de la Pena C, Badri CD V, Loyola-Vargas V (2012) Plant root secretions and their interactions with neighbors. In: Vivanco J M, Baluška F (eds) Secretions and Exudates in Biological Systems. Springer-Verlag, Berlin, Heidelberg, pp 1–26.

Elhakeem A, Markovic D, Broberg A, et al (2018) Aboveground mechanical stimuli affect belowground plant-plant communication. PLoS One 13:1–15.

Evans HC, Elliot SL, Hughes DP (2011) *Ophiocordyceps unilateralis*: A keystone species for unraveling ecosystem functioning and biodiversity of fungi in tropical forests? Commun Integr Biol 4:598–602.

Gagliano M (2012) Green symphonies: A call for studies on acoustic communication in plants. Behav Ecol 24:789–796.

Gagliano M, Grimonprez M (2015) Breaking the Silence – Language and the Making of Meaning in Plants. Ecopsychology 7:145–152.

Gagliano M, Grimonprez M, Depczynski M, Renton M (2017) Tuned in: plant roots use sound to locate water. Oecologia 184:151–160.

Gagliano M, Mancuso S, Robert D (2012) Towards understanding plant bioacoustics. Trends Plant Sci 17:323–325.

Gagliano M, Renton M (2013) Love thy neighbour: Facilitation through an alternative signalling modality in plants. BMC Ecol 13:1–6.

Geng S, De Hoff P, Umen JG (2014) Evolution of Sexes from an Ancestral Mating-Type Specification Pathway. PLoS Biol 12:e1001904. doi: 10.1371/journal.pbio.1001904.

Ghergel F, Krause K (2012) Role of Mycorrhiza in Re-forestation at Heavy Metal-Contaminated Sites. In: Bio-geo Interactions in Metal-Contaminated Soils. Springer-Verlag, Berlin, Heidelberg, pp 183–199.

Heil M, Karban R (2010) Explaining evolution of plant communication by airborne signals. Trends Ecol Evol 25:137–144.

Hughes DP, Wappler T, Labandeira CC (2010) Ancient death-grip leaf scars reveal ant-fungal parasitism. Biol Lett 7:67–70.

Jansson H-B, Nordbring-Hertz B (1979) Attraction of Nematodes to Living Mycelium of Nematophagous Fungi. J Gen Microbiol 112:89–93.

Karban R, Baldwin IT (1997) Induced Responses to Herbivory. University of Chicago Press

Karban R, Shiojiri K, Ishizaki S, et al (2013) Kin recognition affects plant communication and defence. Proc R Soc B Biol Sci 280:20123062.

Karban R, Yang LH, Edwards KF (2014) Volatile communication between plants that affects herbivory: A meta-analysis. Ecol Lett 17:44–52.

Kessler A, Baldwin IT (2001) Defensive function of herbivore-induced plant volatile emissions in nature. Science 291:2141–2144.

Kothe E (2016) Signalmoleküle in der Mykorrhizasymbiose. In: Die Sprache der Moleküle – Chemische Kommunikation in der Natur. Dr. Friedrich Pfeil, München, pp 93–103.

Kück U, Wolff G (2014) Botanisches Grundpraktikum. 3. Auflage. Springer-Verlag, Berlin, Heidelberg.

Kullenberg B (1961) Studies in Ophrys pollination. Zool Bidr från Uppsala 34:1–340.

Mattiacci L, Dicke M, Posthumus MA (2006) beta-Glucosidase: an elicitor of herbivore-induced plant odor that attracts host-searching parasitic wasps. Proc Natl Acad Sci 92:2036–2040.

Moran JA, Webber EB, Joseph KC (1999) Aspects of Pitcher Morphology and Spectral Characteristics of Six Bornean Nepenthes Pitcher Plant Species: Implications for Prey Capture. Ann Bot 83:521–528.

Nilsson LA (1983) Mimesis of bellflower (Campanula) by the red helleborine orchid *Cephalanthera rubra*. Nature 305:799–800.

Paulus HF (2018) Pollinators as isolation mechanisms: field observations and field experiments regarding specificity of pollinator attraction in the genus *Ophrys* (Orchidaceae und Insecta, Hymenoptera, Apoidea). Entomol Gen 37:261–316.

Qadri AN (1989) Fungi associated with sugarbeet cyst nematode in Jerash, Jordan.

Rhoades DF (1983) Responses of alder and willow to attack by tent caterpillars and webworms: evidence for pheromonal sensitivity of willows. Plant Resist. to insects 208:4–55.

Schaefer HM, Schaefer V, Levey DJ (2004) How plant-animal interactions signal new insights in communication. Trends Ecol Evol 19:577–584.

Schaefer M, Ruxton GD (2004) Communication and the evolution of plant – animal interactions. In: Schaefer HM, Ruxton GD (eds) Plant-Animal Communication. Oxford Scholarship Online, pp 1–20.

Schenk HJ, Callaway RM, Mahall BE (1999) Spatial Root Segregation: Are Plants Territorial? Adv Ecol Res 28:145–180.

Siddiqui ZA, Mahmood I (1996) Biological control of plant parasitic nematodes by fungi: A review. Bioresour Technol 58:229–239.

Stanley DA, Otieno M, Steijven K, et al (2016) Polliantion ecology of *Desmodium setigerum* (Fabaceae) in Uganda; do big bees do it better? J Pollinat Ecol 19:43–49.

Takabayashi J, Sabelis MW, Janssen A, et al (2006) Can plants betray the presence of multiple herbivore species to predators and parasitoids? The role of learning in phytochemical information networks. Ecol Res 21:3–8.

Thornham DG, Smith JM, Ulmar Grafe T, Federle W (2012) Setting the trap: Cleaning behaviour of *Camponotus schmitzi* ants increases long-term capture efficiency of their pitcher plant host, *Nepenthes bicalcarata*. Funct Ecol 26:11–19.

van Dam NM, Bouwmeester HJ (2016) Metabolomics in the Rhizosphere: Tapping into Belowground Chemical Communication. Trends Plant Sci 21:256–265.

Wagner K, Linde J, Krause K, et al (2015) *Tricholoma vaccinum* host communication during ectomycorrhiza formation. FEMS Microbiol Ecol 91:fiv120.

Wells K, Lakim MB, Schulz S, Ayasse M (2011) Pitchers of Nepenthes rajah collect faecal droppings from both diurnal and nocturnal small mammals and emit fruity odour. J Trop Ecol 27:347–353.

Westerkamp C (1997) Keel blossoms: Bee flowers with adaptations against bees. Flora 192:125–132.

Willmer P, Stanley DA, Steijven K, et al (2009) Bidirectional Flower Color and Shape Changes Allow a Second Opportunity for Pollination. Curr Biol 19:919–923.

Wu J, Hettenhausen C, Schuman MC, Baldwin IT (2008) A Comparison of Two *Nicotiana attenuata* Accessions Reveals Large Differences in Signaling Induced by Oral Secretions of the Specialist Herbivore *Manduca sexta*. Plant Physiol 146:927–939.

Kapitel 5

Alerstam T (1987) Radar observations of the stoop of the Peregrine Falcon *Falco peregrinus* and the Goshawk *Accipiter gentilis*. 129:267–273.

Aquiloni L, Gherardi F (2010) Crayfish females eavesdrop on fighting males and use smell and sight to recognize the identity of the winner. Anim Behav 79:265–269.

Barrett-Lennard LG, Ford JKB, Heise KA (1996) The mixed blessing of echolocation: differences in sonar use by fish-eating and mammal-eating killer whales. Anim Behav 51:553–565.

Bergbauer M (2018) Was lebt in tropischen Meeren? Franckh-Kosmos Verlags-GmbH & Company KG.

Beyer M, Czaczkes TJ, Tuni C (2018) Does silk mediate chemical communication between the sexes in a nuptial feeding spider? Behav Ecol Sociobiol 72:1–9.

Breithaupt T, Eger P (2002) Urine makes the difference: Chemical communication in fighting crayfish made visible. J Exp Biol 205:1221–1231.

Buchanan KL, Catchpole CK (1997) Female choice in the sedge warbler, *Acrocephalus schoenobaenus*: Multiple cues from song and territory quality. Proc R Soc B Biol Sci 264:521–526.

Burns E, Ilan M (2003) Comparison of anti-predatory defenses of Red Sea and Caribbean sponges. II. Physical defense. Mar Ecol Prog Ser 252:115–123.

Catchpole CK (1980) Sexual selection and the evolution of complex songs among European warblers of the genus Acrocephalus. Behaviour 74:149–165.

Charlton BD, Ellis WAH, Brumm J, et al (2012) Female koalas prefer bellows in which lower formants indicate larger males. Anim Behav 84:1565–1571.

Charlton BD, Frey R, McKinnon AJ, et al (2013) Koalas use a novel vocal organ to produce unusually low-pitched mating calls. Curr Biol 23:1035–1036.

Daura-Jorge FG, Cantor M, Ingram SN, et al (2012) The structure of a bottlenose dolphin society is coupled to a unique foraging cooperation with artisanal fishermen. Biol Lett 8:702–705.

Dean J, Aneshansley DJ, Edgerton HE, Eisner T (1990) Defensive spray of the bombardier beetle: A biological pulse jet. Science 248:1219–1221.

Deecke VB, Slater PJB, Ford JKB (2002) Selective habituation shapes acoustic predator recognition in harbour seals. Nature 420:171.

Deecke VB, Ford JKB, Slater PJB (2005) The vocal behaviour of mammal-eating killer whales: communicating with costly calls. Anim Behav 69:395–405.

Donaghey R (1981) Parental strategies in the green catbird *(Ailuroedus crassirostris)* and the satin bower-bird *(Ptilonorhynchus violaceus)*. Monash University, Melbourne, Victoria.

Earley RL, Dugatkin LA (2002) Eavesdropping on visual cues in green swordtail *(Xiphophorus helleri)* fights: A case for networking. Proc R Soc B Biol Sci 269:943–952.

Eckert J (2008) Lehrbuch der Parasitologie für die Tiermedizin. 3. Auflage. Georg Thieme Verlag, Stuttgart.

Ford JKB, Ellis GM, Barrett-Lennard LG, et al (1998) Dietary specialization in two sympatric populations of killer whales *(Orcinus orca)* in coastal British Columbia and adjacent waters. Can J Zool 76:1456–1471.

Francq EN (1969) Behavioral Aspects of Feigned Death in the *Opossum Didelphis marsupialis*. Am Midl Nat 81:556–568.

Freeman AS (2007) Specificity of induced defenses in *Mytilus edulis* and asymmetrical predator deterrence. Mar Ecol Prog Ser 334:145–153.

Frisch K, Chadwick LE (1967) The Dance Language and Orientation of Bees. Harvard Univ. Press, Cambridge, MA.

Gäde G, Weeda E, Gabbott PA (1978) Changes in the Level of Octopine during the Escape Responses of the Scallop, *Pecten maximus* (L.). J Comp Physiol B 124:121–127.

Gewalt W (1965) Formverändernde Strukturen am Halse der männlichen Großtrappe *(Otis tarda L.)*. Bonner zool. Beiträge 16:288–300.

Gey MH (2017) Instrumentelles und Bioanalytisches Praktikum. Springer-Verlag, Berlin Heidelberg.

Gorman ML, Mills MGL (1984) Scent marking strategies in hyaenas (Mammalia). J Zool 202:535–547.

Gorman ML (1990) Scent-marking strategies in mammals. Rev Suisse Zool 97:3–29.

Gosling LM, Roberts SC (2001) Testing ideas about the function of scent marks in territories from spatial patterns. Anim Behav 62:F7–F10.

Griffin AS (2004) Social learning about predators: a review and prospectus. Learn Behav 32:131–40.

Hansen LS, Gonzales SF, Toft S, Bilde T (2008) Thanatosis as an adaptive male mating strategy in the nuptial gift-giving spider *Pisaura mirabilis*. Behav Ecol 19:546–551.

Hawkins AD, Johnstone ADF (1978) The hearing of the Atlantic salmon, *Salmo salar*. J Fish Biol 13:655–673.

Haydak MH (1945) The language of the honeybees. Am Bee J 85:316–317.

Herberholz J, Schmitz B (1998) Role of mechanosensory stimuli in intra-specific agonistic encounters of the snapping shrimp *(Alpheus heterochaelis)*. Biol Bull 195:156–167.

Hesterman ER, Mykytowycz R (1968) Some observations on the odours of anal gland secretions from the rabbit, *Oryctolagus cuniculus* (L.). CSIRO Wildl Res 13:71–81.

Hidalgo De Trucios SJ, Carranza J (1991) Timing, structure and functions of the courtship display in male great bustard. Ornis Scand 22:360–366.

Hoving HJT, Bush SL, Robison BH (2012) A shot in the dark: Same-sex sexual behaviour in a deep-sea squid. Biol Lett 8:287–290.

Hutchings MR, Service KM, Harris SE (2002) Is population density correla-ted with faecal and urine scent marking in European badgers *(Meles meles)* in the UK? Mamm Biol 67:286–293.

Irwin MT, Samonds KE, Raharison J, Wright PC (2004) Lemur Latrines: Ob-servations of Latrine Behavior in Wild Primates and Possible Ecological Significance. J Mammal 85:420–427.

Janik VM, Sayigh LS, Wells RS (2006) Signature whistle shape conveys iden-tity information to bottlenose dolphins. Proc Natl Acad Sci 103:8293–8297.

Johansson BG, Jones TM (2007) The role of chemical communication in mate choice. Biol Rev 82:265–289.

Jordan NR, Cherry MI, Manser MB (2007) Latrine distribution and patterns of use by wild meerkats: implications for territory and mate defence. Anim Behav 73:613–622.

Kamio M, Nguyen L, Yaldiz S, Derby CD (2010) How to produce a chemi-cal defense: Structural elucidation and anatomical distribution of aplysio-violin and phycoerythrobilin in the sea hare *Aplysia californica*. Chem Bio-divers 7:1183–1197.

Kelley LA, Endler JA (2017) How do great bowerbirds construct perspective illusions? R Soc Open Sci 4:160661. doi: 10.1098/rsos.160661.

Kruuk H (1978) Spatial organization and territorial behaviour of the European badger *Meles meles*. J Zool 184:1–19.

Land BB, Seeley TD (2004) The grooming invitation dance of the honey bee. Ethology 110:1–10.

Lewanzik D, Goerlitz HR (2018) Continued source level reduction during attack in the low-amplitude bat *Barbastella barbastellus* prevents moth eva-sive flight. Funct Ecol 32:1251–1261.

Lloyd JE (1975) Aggressive Mimicry in Photuris Fireflies: Signal Repertoires by Femmes Fatales. Science 187:452–453.

Lück E, Jager M (2013) Chemische Lebensmittelkonservierung: Stoffe – Wir-kungen – Methoden. Springer-Verlag, Heidelberg, Berlin.

MacColl R, Galivan J, Berns DS, et al (1990) The chromophore and polypep-tide composition of Aplysia ink. Biol Bull 179:326–331.

MacDonald DW (1980) Patterns of scent marking with urine and faeces amongst carnivore communities. In: Symposia of the Zoological Society of London. pp 107–139.

Manser MB (2001) The acoustic structure of suricates' alarm calls varies with predator type and the level of response urgency. Proc R Soc B Biol Sci 268:2315–2324.

Marzo V Di, Marin A, Vardaro R, et al (1993) Histological and biochemical bases of defense mechanisms in four species of *Polybranchioidea ascoglossan* molluscs. Mar Biol 117:367–380.

Miller PJO, Shapiro AD, Tyack PL, Solow AR (2004) Call-type matching in vocal exchanges of free-ranging resident killer whales, *Orcinus orca*. Anim Behav 67:1099–1107.

Mills MGL, Gorman ML, Mills MEJ (1980) The scent marking behaviour of the brown hyaena *Hyaena brunnea*. S Afr J Zool 15:240–248.

Milum VG (1955) Honey bee communication. Am Bee J 95:97–104.

Monclús R, de Miguel FJ (2003) Distribución espacial de las letrinas de conejo *(Oryctolagus cuniculus)* en el Monte de Valdelatas (Madrid). Galemys 15:157–165.

Müller WA, Frings S, Möhrlen F (2019) Tier- und Humanphysiologie: Eine Einführung. Springer-Verlag, Berlin, Heidelberg.

Mykytowycz R (1974) Odor in the spacing behaviour of mammals. In: Birch MC (ed) Pheromones. Amsterdam: North-Holland, pp 327–343.

Mykytowycz R (1968) Territorial marking by rabbits. Sci Am 218:116–126.

Mykytowycz R, Gambale S (1969) The Distribution of Dung-Hills and the Behaviour of free living Wild Rabbits, *Oryctolagus cuniculus* (L.), on them. Forma Funct 1:333–349.

Mykytowycz R, Hesterman ER (1970) The behaviour of captive wild rabbits, *Oryctolagus cuniculus* (L.) in response to strange dung-hills. Forma Funct 2:1–12.

Mykytowycz R, Hestermann ER (1975) An Experimental Study of Aggression in Captive European Rabbits, *Oryctolagus cuniculus*. Behaviour 52:104–123.

Mykytowycz R (1964) Territoriality in rabbit populations. Aust Nat Hist 14:326–329.

Mykytowycz R (1962) Territorial Function of Chin Gland Secretion in the Rabbit, *Oryctolagus cuniculus* (L.). Nature 193:799. doi: 10.1038/193799a0.

Nachtigall W (2013) Biomechanik: Grundlagen, Beispiele, Übungen. Vieweg & Sohn Verlagsgesellschaft mbH, Braunschweig, Wiesbaden.

Nolen TG, Johnson PM, Kicklighter CE, Capo T (1995) Ink secretion by the marine snail *Aplysia californica* enhances its ability to escape from a natural predator. J Comp Physiol A 176:239–254.

Pawlik JR, Chanas B, Toonen RJ, Fenical W (1995) Defenses of Caribbean sponges against predatory reef fish. I. Chemical deterrency. Mar Ecol Prog Ser 127:183–194.

Penney HD, Hassall C, Skevington JH, et al (2012) A comparative analysis of the evolution of imperfect mimicry. Nature 483:461−464.

Pietsch TW, Balushkin A V., Fedorov V V. (2006) New records of the rare deep-sea anglerfish *Diceratias trilobus* Balushkin and Fedorov (Lophiiformes: Ceratioidei: Diceratiidae) from the Western Pacific and Eastern Indian Oceans. J Ichthyol 46:S97−S100.

Prange S, Gehrt SD, Wiggers EP (2003) Demographic Factors Contributing to High Raccoon Densities in Urban Landscapes. J Wildl Manage 67:324−333.

Quaisser C (1996) Der Einfluß von Reizen auf die Herzschlagrate brütender Großtrappen *(Otis t. tarda* L., 1758). Naturschutz und Landschaftspfl Brand 5:103−121.

Quaisser C, Hüppop O (1995) Was stört den Kulturfolger Großtrappe *Otis tarda* in der Kulturlandschaft? Der Ornithol Beobachter 92:269−274.

Reber SA, Townsend SW, Manser MB (2013) Social monitoring via close calls in meerkats. Proc R Soc B Biol Sci 280:20131013. doi: 10.1098/rspb.2013.1013

Ritzmann RE (1974) Mechanisms for the snapping behavior of two alpheid shrimp; *Alpheus californiensis* and *Alpheus heterochelis*. J Comp Physiol 95:217−236.

Roper TJ, Conradt L, Butler J, et al (1993) Territorial marking with faeces in badgers *(Meles meles)*: a comparison of boundary and hinterland latrine use. Behaviour 127:289−307.

Roper TJ, Shepherdson DJ, Davies JM (1986) Scent marking with faeces and anal secretion in the European badger *(Meles meles):* seasonal and spatial characteristics of latrine use in relation to territoriality. Behaviour 97:94−117.

Ryne C (2009) Homosexual interactions in bed bugs: alarm pheromones as male recognition signals. Anim Behav 78:1471−1475.

Seyfarth RM, Cheney DL, Marler P (1980) Monkey responses to three different alarm calls: evidence of predator classification and semantic communication. Science 210:801 LP − 803.

Simões-Lopes PC, Fabián ME, Menegheti JO (1998) Dolphin interactions with the mullet artisanal fishing on Southern Brazil: a qualitative and quantitative approach. Rev Bras Zool 15:709−726.

Sneddon IA (1991) Latrine Use by the European Rabbit *(Oryctolagus cuniculus)*. J Mammal 72:769−775.

Thomas GE, Gruffydd LD (1971) The types of escape reactions elicited in the scallop *Pecten maximus* by selected sea-star species. Mar Biol 10:87−93.

Thomsen F, Franck D, Ford JKB (2002) On the communicative significance of whistles in wild killer whales *(Orcinus orca)*. Naturwissenschaften 89:404−407.

Toledo LF, Sazima I, Haddad CFB (2011) Behavioural defences of anurans: an overview. Ethol Ecol Evol 23:1−25.

Townsend SW, Manser MB (2012) Functionally referential communication in mammals: The past, present and the future. Ethology 118:1–11.

Trussell GC (1996) Phenotypic Plasticity in an Intertidal Snail: The Role of a Common Crab Predator. Evolution (N Y) 50:448–454.

Vellenga RETA (1970) Behavior of the male satin bower-bird at the bower. Austral Bird Bander 1:3–8.

Vellenga R (1980) Distribution of bowers of the satin bowerbird *Ptilonorhynchus violaceus*. Emu 81:27–33.

von Byern J, Dorrer V, Merritt DJ, et al (2016) Characterization of the fishing lines in titiwai (=*Arachnocampa luminosa* Skuse, 1890) from New Zealand and Australia. PLoS One 11:e0162687. doi: 10.1371/journal.pone.0162687.

von Holst D, Hutzelmeyer H, Kaetzke P, et al (1999) Social Rank, Stress, Fitness, and Life Expectancy in Wild Rabbits. Naturwissenschaften 86:388–393.

Wickler W (1963) Zum Problem der Signalbildung, am Beispiel der Verhaltens-Mimikry zwischen Aspidontus und Labroides (Pisces, Acanthopterygii). Z Tierpsychol 20:43–48.

Wilson B, Batty RS, Dill LM (2004) Pacific and Atlantic herring produce burst pulse sounds. Proc R Soc B Biol Sci 271:95–97.

Witzany G (2013) Biocommunication of animals. In: Biocommunication of Animals. pp 1–420.

Wronski T, Plath M (2010) Characterization of the spatial distribution of latrines in reintroduced mountain gazelles *(Gazella gazella):* do latrines demarcate female group home ranges?

Wronski T, Apio A, Plath M, Ziege M (2013) Sex difference in the communicatory significance of localized defecation sites in Arabian gazelles *(Gazella arabica).* J Ethol 31:129–140.

Yeargan AK V, Quate LW (1996) Juvenile Bolas Spiders Attract Psychodid Flies. Oecologia 106:266–271.

Yeargan K V (1988) Ecology of a bolas spider, *Mastophora hutchinsoni*: phenology, hunting tactics, and evidence for aggressive chemical mimicry. Oecologia 74:524–530.

Yeargan K V (1994) Biology of Bolas Spiders. Annu Rev Entomol 39:81–99.

Zollner PA, Smith WP, Brennan LA (1996) Characteristics and adaptive significance of latrines of swamp rabbits *(Sylvilagus aquaticus).* J Mammal 77:1049–1058.

Kapitel 6

Barrett CG (1901) *B. betularia*. Br Lepid 7:127–134.

Bishop JA (1972) An Experimental Study of the Cline of Industrial Melanism in Biston betularia (L.) (Lepidoptera) between urban Liverpool and rural North Wales. J Anim Ecol 41:209–243.

Davison J, Huck M, Delahay RJ, Roper TJ (2009) Restricted ranging behaviour in a high-density population of urban badgers. J Zool 277:45–53.

Defries RS, Foley JA, Asner GP (2004) Land-use choices: balancing human needs and ecosystem function. Front Ecol Environ 2:249–257.

Edleston RS (1864) First carbonaria melanic of moth *Biston betularia*. Entomologist 2:150.

Evans KL, Newton J, Gaston KJ, et al (2012) Colonisation of urban environments is associated with reduced migratory behaviour, facilitating divergence from ancestral populations. Oikos 121:634–640.

Francis RA, Chadwick MA (2012) What makes a species synurbic? Appl Geogr 32:514–521.

Harris S (1982) Activity patterns and habitat utilization of badgers *(Meles meles)* in suburban Bristol: a radio tracking study. In: Symposia of the Zoological Society of London. Published for the Zoological Society by Academic Press, pp 301–323.

Hof AEV t., Campagne P, Rigden DJ, et al (2016) The industrial melanism mutation in British peppered moths is a transposable element. Nature 534:102–105.

Hu Y, Cardoso GC (2009) Are bird species that vocalize at higher frequencies preadapted to inhabit noisy urban areas? Behav Ecol 20:1268–1273.

Johnson MTJ, Munshi-South J (2017) Evolution of life in urban environments. Science 358:eaam8327. doi: 10.1126/science.

Kettlewell HBD (1955) Selection experiments on industrial melanism in the Lepidoptera. Heredity 10:323.

Kettlewell HBD (1958) A survey of the frequencies of *biston betularia* (L.) (LEP.) and its melanic forms in Great Britain. Heredity 12:51.

LaPoint S, Balkenhol N, Hale J, et al (2015) Ecological connectivity research in urban areas. Funct Ecol 29:868–878.

Luniak M (2004) Synurbanization – adaptation of animal wildlife to urban development. In: Shaw WW, Harris LK, Vandruff L (eds) Proceedings of the 4th International Urban Wildlife Symposium. University of Arizona, Tucson, Arizona, USA, pp 50–55.

Majerus MEN (2009) Industrial Melanism in the Peppered Moth, *Biston betularia*: An Excellent Teaching Example of Darwinian Evolution in Action. Evol Educ Outreach 2:63–74.

Nemeth E, Brumm H (2009) Blackbirds sing higher-pitched songs in cities: adaptation to habitat acoustics or side-effect of urbanization? Anim Behav 78:637–641.

Nemeth E, Pieretti N, Zollinger SA, et al (2013) Bird song and anthropogenic noise: vocal constraints may explain why birds sing higher-frequency songs in cities. Proc R Soc B Biol Sci 280:2012–2798.

Nisbet EK, Zelenski JM, Murphy SA (2009) The Nature Relatedness Scale. Linking Individuals' Connection With Nature to Environmental Concern and Behavior. Environ Behav 41:715–740.

Prange S, Gehrt SD, Wiggers EP (2003) Demographic Factors Contributing to High Raccoon Densities in Urban Landscapes. J Wildl Manage 67:324–333.

Rabin LA, McCowan B, Hooper SL, Owings DH (2003) Anthropogenic Noise and its Effect on Animal Communication: An Interface Between Comparative Psychology and Conservation Biology. Int J Comp Psychol ISCP 16:172–192.

Rodewald AD, Gehrt SD (2014) Wildlife Population Dynamics in Urban Landscapes. In: McCleery RA, Moorman CE, Peterson MN (eds) Urban Wildlife Conservation – Theory and Praxis. Springer, New York, pp 117–147.

Roper TJ, Conradt L, Butler J, et al (1993) Territorial marking with faeces in badgers *(Meles meles)*: a comparison of boundary and hinterland latrine use. Behaviour 127:289–307.

Roper TJ, Shepherdson DJ, Davies JM (1986) Scent marking with faeces and anal secretion in the European badger *(Meles meles):* seasonal and spatial characteristics of latrine use in relation to territoriality. Behaviour 97:94–117.

Russell R, Guerry AD, Balvanera P, et al (2013) Humans and Nature: How Knowing and Experiencing Nature Affect Well-Being. Annu Rev Environ Resour 38:473–502.

Ryan AM, Partan SR (2014) Urban Wildlife Behavior. In: Urban Wildlife Conservation – Theory and Praxis. pp 149–173.

Šálek M, Drahníková L, Tkadlec E (2015) Changes in home range sizes and population densities of carnivore species along the natural to urban habitat gradient. Mamm Rev 45:1–14.

Slabbekoorn H, Peet M (2003) Birds sing at a higher pitch in urban noise. Nature 424:267.

Slabbekoorn H (2013) Songs of the city: noise-dependent spectral plasticity in the acoustic phenotype of urban birds. Anim Behav 85:1089–1099.

Slabbekoorn H, Boer-Visser A den (2006) Cities Change the Songs of Birds. Curr Biol 16:2326–2331.

Tucker MA, Böhnung-Gaese K, Fagan WF, et al (2018) Moving in the Anthropocene: Global reductions in terrestrial mammalian movements. Science 359:466–469.

Tutt JW (1896) British moths. George Routledge, London.

Vining J, Merrick MS, Price EA (2008) The Distinction between Humans and Nature: Human Perceptions of Connectedness to Nature and Elements of the Natural and Unnatural. Hum Ecol Rev 15:1–11.

Wiley RH, Richards DG (1978) Physical constraints on acoustic communication in the atmosphere: implications for the evolution of animal vocalizations. Behav Ecol Sociobiol 3:69–94.

»Wohlleben hat dem Wald die Seele zurückgegeben.«

Süddeutsche Zeitung

*Cover- und Preisänderungen vorbehalten

Hier reinlesen!

Peter Wohlleben

Gebrauchsanweisung für den Wald

Piper Taschenbuch, 240 Seiten
€ 15,00 [D], € 15,50 [A]*
ISBN 978-3-492-27684-9

Peter Wohllebens Gebrauchsanweisung ist eine ebenso handfeste wie stimmungsvolle Entdeckungstour. Fundiert und unterhaltsam gibt der passionierte Förster und Autor sein enormes Wissen über Laub- und Nadelbäume weiter. Er erklärt, welche Beeren und Pilze, Blätter und Triebe man sammeln und essen kann, und verrät, wie jeder Waldspaziergang im Frühjahr, im Sommer, im Herbst und im Winter zu einer besonderen Erfahrung wird.

PIPER